气温变化的不确定性分析与应用

华　维　范广洲　蔺邹兴　李佩芝
黄天赐　郭艺媛　侯文轩　王　星　著

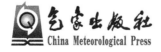

气象出版社
China Meteorological Press

内 容 简 介

本书从气候变化不确定性的基本概念出发，较为全面地阐述了气温变化观测数据的不确定性理论、关键科学问题及实际应用。全书分为 5 章，包括气温变化的不确定性研究现状及意义、气温变化的不确定性源分析、我国及相关区域气温变化的不确定性评估、不确定性对极端冷暖年排序的影响、不确定性在历史气温场重建中的应用等方面的研究成果。

本书内容丰富、资料翔实、图文并茂，可作为大气科学类研究生课程的教科书或本科高年级学生专业选修课的教学参考书，也可供气象、水文、资源、环境及其相关领域科技工作者参考。

图书在版编目（CIP）数据

气温变化的不确定性分析与应用 /华维等著. -- 北京：气象出版社，2019. 6

ISBN 978-7-5029-6980-6

Ⅰ. ①气… Ⅱ. ①华… Ⅲ. ①气温变化－研究 Ⅳ. ①P423.3

中国版本图书馆 CIP 数据核字（2019）第 112250 号

气温变化的不确定性分析与应用

华　维　范广洲　蔺邹兴　李佩芝
黄天赐　郭艺媛　侯文轩　王　星　著

出版发行：气象出版社

地　　址：北京市海淀区中关村南大街 46 号	**邮政编码**：100081	
电　　话：010-68407112（总编室）　　010-68408042（发行部）		
网　　址：http://www.qxcbs.com	**E-mail**：qxcbs@cma.gov.cn	
责任编辑：张锐锐　粟文瀚	**终　　审**：吴晓鹏	
封面设计：博雅思企划	**责任技编**：赵相宁	
责任校对：王丽梅		
印　　刷：北京中石油彩色印刷有限责任公司		
开　　本：710 mm×1000 mm　1/16	**印　　张**：5.5	
字　　数：110 千字		
版　　次：2019 年 6 月第 1 版	**印　　次**：2019 年 6 月第 1 次印刷	
定　　价：39.00 元		

前　言

利用仪器获得气象要素观测数据是近现代气象开始的标志之一。由于气象观测台站的布设有限，空间布局也不尽合理，故难以获取时空连续的气象观测数据。加之气象观测资料本身存在的各种质量问题，导致尽管对近百年来在全球增暖问题上已形成广泛共识，但对高原、海洋、高纬和极地等观测稀疏区域气候变化的准确计算仍存在一定的不确定性。与此同时，大气科学学科的飞速发展也对气候变化研究提出了新的要求：需要对气候变化研究结论进行可靠性评估，从而为合理制定应对气候变化适应性措施，科学评估气候变化脆弱性和影响等提供决策依据。

全书共分为 5 章：第 1 章为绪论，介绍气温变化的不确定性研究现状和意义；第 2 章为气温变化的不确定性源分析；第 3 章为我国气温变化的不确定性评估；第 4 章为青藏高原气温变化的不确定性评估；第 5 章为考虑不确定性的东亚百年历史气温场重建。

参与本书写作的主要有华维、范广洲、蔺邹兴、李佩芝、黄天赐、郭艺媛、侯文轩、王星。由于作者水平有限，加之时间仓促，书中难免有不妥之处，望读者批评指正。

本书是在国家重点研发计划项目（项目编号：2018YFC1505702）、国家自然科学基金项目（项目编号：41775072、41405069）、国家自然科学基金重大研究计划重点支持项目（项目编号：91537214）、四川省杰出青年科技人才项目（项目编号：2019JDJQ0001）、中电投电力工程有限公司研发项目（CPIPEC-XNYF-91208000100）、四川省教育厅重点项目（项目编号：16ZA0203）、成都信息工程大学教改项目（项目编号：2018003、JY2018012、BKJX2019007、BKJX2019013）以及气象灾害教育部重点实验室开放课题（项目编号：KLME201803）的共同资助下完成，在此一并表示感谢。

著者

2019 年 1 月

目　录

第1章 绪 论

质量可靠的气温观测数据、布局合理的观测网络以及可靠的统计方法是衡量气候状态和气候变化的基础（Eliassen et al.，1954；Shi et al.，1995；Ashraf et al.，1997；Barnett et al.，2000）。由于观测网覆盖变化、仪器更新换代、观测规范更新和城市化等诸多因素的影响，在地表气温变化的观测和分析过程中不可避免地存在各种类型的误差。例如，由随机原因造成的台站误差和由有限样本导致的区域平均序列的估计值不能完全代表气温真实值产生的抽样误差。各种类型误差对气温变化研究结论的可信度和准确性，特别是对气温变化的趋势和幅度的精确估计产生了较大影响，这就是所谓的不确定性。政府间气候变化专门委员会（Intergovernmental Panel on Climate Change，简称 IPCC）第四次评估报告（IPCC，2007）指出，过去百年（1906—2005）全球平均气温上升了 0.74±0.18 ℃（亦可写为 0.74 [0.56－0.92] ℃），其中±0.18 ℃或 [0.56－0.92] ℃即为全球平均气温变化的 90％置信水平的不确定性区间。对于科学研究和政府决策，气象数据中的各种误差及其导致的不确定性在气候变化的可信度评估、风险分析和最优决策等方面具有不可忽视的重要作用。因此，开展相关研究能够加深对气候变化的理解，亦是气候变化评估和气候变化谈判的重大需求。

1.1 气温变化的不确定性研究的内容

1.1.1 气温变化的不确定性分类

气温观测数据的各种误差是气温变化不确定性的主要来源，其中包括观测资料序列长度较短、观测时次改变、观测台站地理分布不均匀、部分台站存在一次或多次迁站、观测仪器多次变更、观测场周围观测环境发生较大变化、城市化的影响以及自动观测与人工观测间的差异等（Ding et al.，1994；Chu et al.，2005）。例如对于城市化的影响，严格意义上来看，只有地处城郊或农村的观测资料才能够直接使用，而设置在城市中的观测资料都可能不同程度地受到城市化的影响。我国城市化进程明显加速，人口、经济发展状况和观测环境等都发生了明显变化，这对气温的观测记录造成了严重影响。对于台站的空间密度，由于我国地形的特殊性，造成气象台站的地理位置分布不均，东部和平原地区气象台站相对密集，西部和高山地区台站稀少，并且部分台站观测资料在观测过程中多有间断，再加之许多台站都存在迁站甚至多次迁站以及观测仪器和观测时次的变更，这些因素都造成了气温观测数据存在误差（Cressie，1993；Chen et al.，1998；Chen et al.，2002）。

1.1.2 气温变化的不确定性对气候变化研究结论的影响

气温变化的不确定性能够对气候变化研究结论产生重要影响。例如：对区域或全球范围而言，了解其平均气温状态和变化趋势具有重要的科学意义（Peterson et al.，1998a；1998b；Wang et al.，1998；Zhai et al.，1999；Zhao et al.，2005）。然而，在气温的观测过程和统计学分析过程中不可避免地存在着各种类型的误差，典型的误差就有在计算区域平均序列时由于样本数有限造成的计算值与真实值之间的误差，以及仪器更换等原因造成的观测误差。这些误差对于准确分析气温变化，特别是对估计气温变化的幅度和范围带来了一定程度的影响，即不确定性。不确定性的影响一方面体现在对气温变化趋势估算的影响，若气温表现为较弱的线性趋势，那么由于不确定性的存在和影响，这一趋势可能存在偏差，甚至错误的可能性。另一方面，诸如在对某一时间段内，某地区乃至全球区域平均的极端冷暖年进行高低排序时，不确定性也可能影响到最暖年或最冷年排序的结果。因此，在气候变化研究中需要对气温观测数据不确定性进行定量分析。

1.2 国内外气温变化的不确定性研究现状

1.2.1 国内外气温变化的不确定性定量评估研究现状

气候变化的不确定性定量评估是气候变化研究领域的核心问题之一（Mann et al.，2000）。国际上对气候变化的不确定性研究开展较早。IPCC在2001年发布的气候变化评估报告中首次对全球气温变化的数据误差和抽样误差不确定性进行了系统评估（IPCC，2001）。近年来发布的IPCC报告中也对气候变化的不确定性进行了进一步概括（IPCC，2007）。Karl等（1994）分析了不充分空间数据抽样对全球和半球气温趋势不确定性的影响，结果表明，历史气温变化的不确定性主要取决于气温变率。Parker（1994）研究了气温计暴露误差的影响。Folland等（1995）分析了海表温度历史数据中的观测误差。Jones等（1997）提出了通过气象台站平均方差和台站间相关系数来计算抽样误差不确定性的方法，并指出自1951年以来95%信度的全球平均地表气温变化不确定性为±0.12 ℃，而自1900年起，不确定性范围扩大为±0.19 ℃。Shen等（1998）提出了考虑误差不确定性的最优平均方法，并应用于区域气候平均计算中。Jones等（1999）认为在年际尺度上，全球年平均气温距平的标准差为±0.058 ℃。Folland等（2001）对全球地表气温变化不确定性的误差来源进行了定量分析，并指出考虑到序列相关性和不确定性，1861—2000年间全球年平均地表气温增加了0.61±0.16 ℃。Parker等（2005）计算了日平均、月平均和年平均资料中各种误差导致的不确定性范围，并认为时间尺度越小，误差不确定性越大。Brohan 等（2006）进一步详细比较了全球（南、北半球）陆面和海表温度的抽样误差、台站误差、偏差误差和覆盖误差范围。Shen 等（2007）还发展了一种抽样误差计算的新方法，其核心思想是将抽样误差方差分为两个部分：空间方差和相关因子，并与 Jones 等（1997）的结果进行了对比，发现他们的结果与 Jones 等（1997）的结果在量级上相同，但误差方差偏大。

近年来，关于我国气候变化的不确定研究也逐步开展。Li 等（2010）基于 Jones 等（1997）的方法首次给出了中国近百年气温变化的不确定性范围，结果表明，1900—2006 年中国年平均气温变化速度为 0.09 ± 0.017 ℃/10a；冬季最大，为 0.14 ± 0.021 ℃/10a；夏季最小，为 0.04 ± 0.017 ℃/10a；春季为 0.11 ± 0.021 ℃/10a；秋季为 0.07 ± 0.017 ℃/10a。近 50 年（1954—2006 年））气温增暖趋势约为 0.26 ± 0.032 ℃/10a，近 30 年（1979—2006 年）增暖趋势为 0.45 ± 0.13 ℃/10a，气温增暖速率呈明显加剧趋势。杜予罡等（2012）利用全国 616 个气象台站气温资料对近百年中国地表平均气温的 4 类误差及不确定性范围进行了定量计算和综合分析，并指出近百年中国地表平均气温变化的不确定性范围随时间不断减小，其变化特征与全球基本一致，主要表现为早期较大、后期较小。在各种误差导致的不确定性对比中，20 世纪 60 年代之前覆盖误差的影响最大；70 年代开始随着城市化进程，城市化导致的偏差误差为明显的上升趋势。

1.2.2 气温变化的不确定性应用现状

气温观测数据的不确定性主要应用于以下几个方面的研究：一方面是对长时间尺度气温变化趋势的不确定性进行定量评估（Rayner et al.，2006）。当气温变化的线性趋势较弱时，不确定性的大小能够决定气温变化究竟是增暖还是降温。常规统计软件能够很方便地计算气温变化的线性趋势，但计算过程中并没有考虑观测数据的误差。因此，在计算气温变化趋势时，必须考虑气温观测数据的不确定性。另一方面是最热（冷）年的排序。某一年是否为最冷年或最暖年，也即极端冷暖年的高低排序是气候监测中一项重要的内容。但全球温度时间序列的每个年份值都存在一定程度的不确定性，从而导致年份排序的不确定性。故进行排序时，需要首先对不确定性做出估计，才能较为精确地估计某一年成为最热（冷）年的概率。此外，由于气温观测数据较少且时空分布极不均匀，故需要采用时空插值方案将历史台站观测数据插值得到覆盖完整的格点化气温场，即气候场插值，而气温观测数据的误差可在历史气温场格点重建计算中被传递，进而对资料网格化结果产生影响。这就需要在气温场空间插值时考虑不确定性的影响（Shen et al.，2001；2004）。

第2章 气温变化的不确定性影响源分析

导致气候变化的不确定性误差来源主要包括以下几类：台站误差、抽样误差、覆盖误差和偏差误差（Brohan et al.，2006）。

2.1 台站误差

台站误差（error）为单一气象台站气温观测值由于观测仪器更换、气象台站迁移、仪器读数偏差和记录错误等随机原因造成估计值与真实值之间的差异。气象台站观测的月平均气温的真实值可表示为

$$T_{actual} = T_{ob} + \varepsilon_{ob} + C_H + \varepsilon_H + \varepsilon_{RC} \qquad (2.1)$$

式中 T_{actual} 为气象台站气温的理想真实观测值；T_{ob} 为气温的实际观测值；ε_{ob} 代表观测误差；C_H 为均一化订正值，ε_H 是由于均一化订正所带来的订正误差，指气象要素经过均一性订正后，订正值与真实值之间的差异；ε_{RC} 为平均值计算过程中的不准确和气象观测数据缺报漏报等带来的误差。需要注意的是，气温观测值一般以距平的形式存在，而距平的计算需要考虑气候值选取的影响，如选择 1961—1990 年与选择 1981—2010 年作为气候平均值得到的距平必然存在差异。因此，不同气候值导致的误差也需要考虑。当月平均气温转化为距平值时：

$$A_{actual} = T_{ob} - T_N + \varepsilon_N + \varepsilon_{ob} + C_H + \varepsilon_H + \varepsilon_{RC} \qquad (2.2)$$

其中 A_{actual} 为气温距平值，T_N 为台站标准值，即气候多年平均值，ε_N 为标准值误差。上式中 $T_{ob} - T_N + C_H$ 为地表气温距平的估计值，ε_N、ε_{RC}、ε_{ob} 和 ε_H 即为台站误差，几类误差之间相互独立，因此，台站误差由相关误差的平方和开方得到。

2.1.1 均一化订正误差

台站迁站、观测环境变化、观测时次变更和仪器变更等因素会导致台站气温序列中存在非均一性。在资料处理过程中，除进行质量控制外，通常还会对资料进行均一化订正，资料均一化处理可以有效纠正因迁站等原因造成的地面气温观测记录中的非均一性，但经过均一化订正后的数据也并不一定完全准确，甚至在一些极端

情况下还存在更大的误差。均一化订正误差（homogenization adjustment error）指原始气象要素观测值经过均一性订正后的订正值与真实值之间仍会存在差异，进而导致不确定性。李娇等（2014）利用国家气象信息中心逐日均一化气温资料对沈阳站资料均一化处理前后平均气温和极端气温指数序列的线性趋势及其城市化影响偏差进行了比较评价，发现原始资料序列经均一化处理后对日最高气温及衍生的极端气温指数序列趋势估计的影响较弱，但对日最低气温及其衍生的极端气温指数序列趋势估计具有显著影响。同时，经资料均一化处理后，平均气温序列中的城市化影响偏差有所增大，平均最低气温序列中的城市化影响偏差增大尤其明显。Brohan 等（2006）结合早期工作，通过分析全球 763 个台站的气温均一性订正值后发现，所有台站气温的均一性订正理论值均服从正态分布（0，0.75），扣除订正后的均一性订正值服从正态分布（0，0.4）。因此，对单个台站未进行订正前的均一性订正误差的估计值为 0.75 ℃，订正后的估计值为 0.4 ℃。Jones 等（2008）也指出全球和中国的部分气温资料均一性订正的概率分布基本一致，为一个双峰值分布。Li 等（2010）取 0.4 ℃ 作为单站均一性订正误差的估计值，所有站点的均一性误差为 $0.4\sqrt{N}$（N 为台站数）。

2.1.2   标准值误差

标准值误差（normal error）是由气候参考期所取的时间范围的不同所带来的。以往研究中多采用 1961—1990 年作为气候基本时期，后期根据世界气象组织（World Meteorological Organization，简称 WMO）的规定，改为采用 1971—2000 年作为气候基本时期。一般而言，气候参考期内每个月的台站气温为气候标准值常数和随机天气值（其标准差为 σ_i）之和。对于 $N<15$ 年的台站（N 为气候参考期内用于计算标准值的年数），其标准值误差为 $0.3\sigma_i$；对于 $15 \leqslant N \leqslant 30$ 的台站，标准值误差为 σ_i/N（Brohan et al.，2006）。杜予罡等（2012）也指出我国地表气温资料中各台站在气候参考期内用于计算标准值的年份均大于 15 年时，一般使用公式 σ_i/N 对标准值误差进行计算。

2.1.3   观测误差

Folland 等（2001）指出单个温度计的随机误差约为 0.2 ℃，月平均气温按照每天四次观测（02：00，08：00，14：00 和 20：00），每月 30 天来计算，一个月总的观测次数约为 120 次，一年总的观测次数约为 1460 次。那么某一台站月平均气温中由于观测误差（measurement error）所导致的不确定性为 $0.2\sqrt{120}$ ℃，年平均气温的观测误差不确定性则为 $0.2\sqrt{1460}$ ℃。此外，Shen 等（2012）对北美气温资料中的各类误差进行估算后提出气温数据的观测误差值可近似认为是其抽样误差值的 1/2。

2.1.4　记录误差和计算误差

计算误差和记录误差主要来源于资料数据录入等过程，并可能出现某些非常大的奇异值，绝大部分奇异值经过质量控制、均一性检查等步骤后被剔除。另外，计算误差和记录误差具有较大的随机性，在大范围区域平均时一般可以忽略不计（Brohan et al. 2006）。

2.2　抽样误差与覆盖误差

2.2.1　抽样误差

抽样误差（sampling error）指的是由于气象台站的样本量有限引起的对区域平均气温序列的估计值与真实值所之间的差异。Jones 等（1997）最早提出了计算全球气温抽样误差的方法。Shen 等（2007；2012）随后将抽样误差方差分为两部分：空间方差和相关因子，并与 Jones 等（1997）的计算结果进行了对比，发现二者对抽样误差的定量估算结果量级相同，但前者略偏大，该方法被进一步应用于评估我国气温变化的抽样误差不确定性（Hua et al.，2014；2017）。

2.2.2　覆盖误差

我国气象台站时空分布极不均匀，因此观测站点覆盖不全，可以造成覆盖误差。Brohan 等（2006）和杜予罡等（2012）指出，覆盖误差可通过如下方式计算得到。需要选取一套时间序列较长，且无缺测格点的资料，如美国环境预报中心（NCEP）和美国国家大气研究中心（NCAR）联合发布的月平均再分析地表气温资料。以某月为例，首先将再分析资料（无缺测）按照该月气象台站资料的覆盖情况进行逐月再抽样，得到再抽样资料（有缺测）；再对无缺测的 NCEP/NCAR 再分析资料和有缺测的再抽样资料进行面积加权平均，得到 NCEP/NCAR 再分析资料的时间序列和再抽样资料的时间序列。将两序列相减得到的差值序列则为该月的覆盖误差。

2.3　偏差误差

2.3.1　城市化影响

城市化的影响一般指人类活动造成的增暖，其原因主要为观测台站周边环境变化，例如城市的发展、地表植被的变化等。目前对于城市化的影响结论并不一致，甚至矛盾。有研究认为我国部分地区增暖主要为年代际突然变暖导致，其中城市化的影响并不明显（Li et al.，2004；2010），但也有研究认为城市化对增暖的贡献可达近40%（任国玉等，2005；Ren et al.，2005；2008；Yan et al.，2010）。

2.3.2　温度计暴露误差

百叶窗的更换会造成温度计的暴露程度发生改变，从而导致更换前后的气温观测值存在一定偏差。若大范围地区内的台站在同一时期内集中更换百叶箱，则可引起气温观测资料系统性偏差，即温度计暴露误差。一般认为热带地区的温度计暴露误差在 1930 年之前为 0.2 ℃，1930—1950 年减少为 0 ℃，其余地区在 1900 年之前为 0.2 ℃，1900—1930 年线性减少为 0 ℃ (Folland et al.，2001)。我国自 20 世纪 50 年代以来温度计均放置于百叶窗内，因此，可不考虑温度计暴露误差。

2.4　总体不确定性

气温变化的总体不确定性由台站误差、抽样误差、覆盖误差和偏差误差四类误差的和开方得到。Jones 等 (1997；1999) 指出 1900 年起全球平均气温变化的不确定性范围为 ±0.19 ℃，1951 年后减小为 ±0.12 ℃。IPCC 认为 1861 年以来全球年平均气温增加了 0.61±0.16 ℃ (IPCC，2001)。近年来，我国气温变化的不确定性水平也得到定量估计，尽管存在一定的不确定性，但不确定性区间范围并未改变近几十年来我国持续增暖的事实。

第3章　我国气温变化的不确定性评估

　　气候变化研究和政府决策过程中需要充分考虑数据误差的影响，并用数据误差评估气候变化中的不确定性。开展我国气温变化不确定性的时空分布、气温线性趋势的不确定性、高原极端冷暖年次序的高低排位及其不确定性对极端冷暖年排位的影响等方面的研究，加深对气候变化的理解，是当前气候变化研究的前沿科学问题。

3.1　我国气温变化的抽样误差不确定性

　　采用中国气象局国家气象信息中心整编的 1951—2004 年中国地面气候资料月值数据集用于计算我国气温变化的抽样误差。该数据集基于各省（区，市）上报的全国地面月报信息化文件，根据《全国地面气候资料（1961—1990）统计方法》及《地面气象观测规范》有关规定进行整编统计而得，具体包括：全国 731 个站的逐月最高、最低和平均气温数据。数据经过较严格的质量控制和检查，质量良好，但未经均一化调整。1951 年 1 月至 2004 年 12 月我国气象台站数变化曲线如图 3.1 所示。我国气象台站数从 20 世纪 50 年代初期开始迅速增加，到 60—80 年代数量达到最大值，之后由于台站撤销等原因，台站数量有所减少。

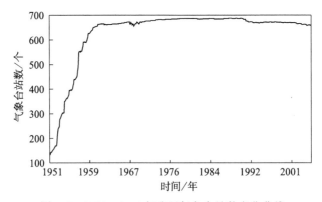

图 3.1　1951—2004 年我国气象台站数变化曲线

　　图 3.2 给出了不同时间气象台站的空间分布。可以看出，不同时期我国气象台

站的分布特点均表现为西部和北方地区都较为稀疏，而在东部和南方地区气象台站较为密集。

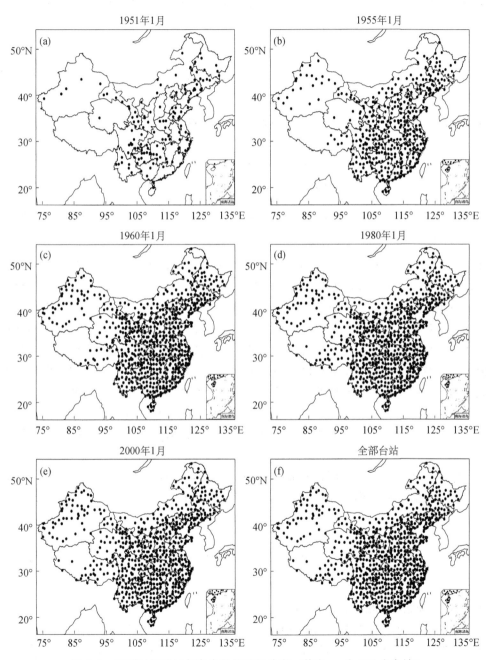

图 3.2 不同时间我国气象台站的空间分布（其中，t 为 731 个台站）

首先将气象站点气温观测数据通过插值转化为格点数据以消除站点分布不均导致的偏差。空间网格点的长度和宽度主要取决于该格点所处的纬度，因此，不同纬度的网格点其长度和宽度并不相等。位于经度 θ 纬度 ϕ 的格点弧度长度 L 可通过下式计算

$$L = R \cdot \frac{\pi}{180} \cdot \cos\left(\frac{\pi\phi}{180}\right) \tag{3.1}$$

其中，$R = 6378$ km 为地球半径。纬度 ϕ_j 处的格点面积 A_j 可由下式表达

$$
\begin{aligned}
A_j &= \mathrm{height}_j \times \mathrm{width}_j \\
&= \Delta\phi_j \times \Delta\theta \cos\phi_j \\
&= R \cdot \frac{\pi\Delta\phi_j}{180} \times R \cdot \frac{\pi\Delta\theta_j}{180} \cdot \cos\left(\frac{\pi \cdot \Delta\phi_j}{180}\right)
\end{aligned} \tag{3.2}
$$

式中，$\Delta\theta_j$ 表示经度变化量，$\Delta\phi_j$ 为纬度变化量。为最大限度保持格点的长宽相等，使用 $2.5° \times 3.5°$ 经纬度的网格点。按照 $2.5° \times 3.5°$ 经纬度的空间分辨率可将我国划分为 138 个格点，同时将 731 个台站的逐月月平均气温资料插值到格点上。部分格点仅包括一个台站，甚至格点内完全没有台站，将这些格点代入不确定性计算可能会产生较大的噪音，这里可以把这些格点剔除，其中两个位于中国西南部与缅甸、老挝及越南的边境交界地区，另两个位于我国南海地区，其余格点分别位于青藏高原、新疆、内蒙古和黑龙江等地区，这一类网格点共计 31 个。再将每个网格点内可能获取的气象台站气温距平序列的平均值作为该网格的距平序列，距平值计算采用 Jones 等（1997）提出的气候距平方法，并取 1961—1990 年作为气候基本态。

区域平均气温序列不能简单地采用算术平均，一般可以采用面积权重平均方法。平均气温时间序列抽样误差的标准差则根据 Jones 等（1997）一文中的方法进行计算

$$\overline{E}^2 = \left(\sum_{i=1}^{107} E_i^2 \cos\phi_i \Big/ \sum_{i=1}^{107} \cos\phi_i \right) \Big/ N_{\mathrm{eff}} \tag{3.3}$$

式中，E_i^2 为第 i 个格点的误差方差，ϕ_i 为该网格点几何中心的纬度，N_{eff} 为气温场的有效自由度。首先计算各个网格点误差方差的面积权重平均值，再将面积权重平均值除以有效自由度（参见 Jones 等（1997）和 Smith 等（1994）），其结果的平方根即是区域平均气温时间序列的抽样误差不确定性。

根据 Jones 等（1997）研究中的计算方法可知，可以将有效自由度认为是研究区域面积与空间特征区域面积的比值。根据 Wang 和 Shen（1999）的研究，北半球月平均气温的自由度范围一般在 30～60。那么可认为将北半球的面积除以 30 是空间特征区域的上限，即 7.5×10^6 km^2；而北半球的面积除以 60 则可看作是空间特征区域的下限，即 3.75×10^6 km^2。考虑到我国南海地区几乎没有气象台站，因此，可仅考虑我国陆地地区，将我国陆地面积（约为 9.6×10^6 km^2）除以空间特征区域的上限，可得到有效自由度的下限是 1.3。若我国陆地面积除以空间特征区域的下限，则有效自由度的上限是 2.6。进一步将以上结果进行处理，可得到我国大陆月平均气温的有效自由度近似为 2。

理论上获取某个空间网格点内气温距平的区域平均值的理想方法是在该格点内设置无穷多个台站进行观测，再对其进行平均来得到。实际上这并不现实，网格点内的气象台站事实上是极为有限的，通过这些台站得到的空间平均值并不能真实地代表该格点气温的真实值。那么，利用有限气象台站观测资料得到的估计值与真实值之间的差异就是抽样误差。抽样误差的大小取决于网格内气象观测台站的数据、气象台站的位置分布以及网格点内的气候变率。英国东安格利亚大学气候研究部在 20 世纪 90 年代后期提出了气温变化抽样误差计算方法，也就是通过估算某网格点内的两个参数：网格点内所有气象台站气温方差的平均和网格点内各气象台站气温观测数据相关关系的平均值。美国圣地亚哥州立大学的 Shen 等（2007）提出了一种新的方法用以评估台站气温观测数据的抽样误差不确定性。该方法的核心思想是将抽样误差的均方差（mean square error，MSE）分解为空间方差 σ_s^2 和相关因子 α_s 两部分。Shen 等（2012）对该方法进行了进一步发展，并用于评估美国近百年来气温变化的不确定性。这里采用 Shen 等（2012）的方法来评估我国气温变化的抽样误差不确定性，具体方法介绍如下：

MSE 可由下式表达

$$E^2 = \left\langle [\overline{T} - \hat{\overline{T}}]^2 \right\rangle = \frac{\sigma^2}{N} \qquad (3.4)$$

式中 $\overline{T}$ 为格点内气温距平场的真实平均值

$$\overline{T}(t) = \frac{1}{\| \Omega \|} \int_\Omega T(\boldsymbol{r},\ t) \mathrm{d}\Omega \qquad (3.5)$$

其中 $T(\boldsymbol{r},\ t)$ 代表面积为 Ω 的某空间网格点的气温距平值，$\boldsymbol{r}$ 为该网格点的位置向量，t 为时间。

网格点气温的空间平均值 $\overline{T}$ 的估计值 $\hat{\overline{T}}$ (t) 可以表示为

$$\hat{\overline{T}}(t) = \frac{1}{N} \sum_{i=1}^{N} T_i(t) \tag{3.6}$$

以上方程中，T_i (t) $= T$ $(\boldsymbol{r}_i, t)$ 为位置位于 $\boldsymbol{r}_i$ 处的气象台站的气温抽样距平值，N 为该格点内的台站数，$\sigma^2 = <T^2 (r)>$ 为气温距平场的方差，$< \cdot >$ 为总体平均。

在气候统计中通常会隐含遍历性假设，即气象要素的总体平均可用其时间平均来进行估算。因此，气温的方差 σ^2 指的是气温的时间方差。但需要指出的是，气温的距平场并不是空间白噪声场。由于空间格点中气象台站的设置往往具有较强的地理非均匀性，特别是复杂地形的多山地区和海岸线沿线，所以气温的方差一般也具有较大的非均匀性。当格点内各个台站的气温之间存在明显的内部相关，并且不同气象台站气温的空间方差也是非均匀时，则可考虑选择不同的方差形式。方差可有如下形式：①各个台站气象要素时间方差的空间平均；②气象要素空间方差的时间平均和；③协方差。Jones 等（1997）选择①和③式，即采用相关系数的空间平均和时间方差的空间平均（σ^2）来计算抽样误差：

$$SE^2 = \frac{\sigma_0^2 (1 - \overline{r})}{N} \tag{3.7}$$

其中，

$$\overline{r} = \frac{2}{N(N-2)} \sum_{i>j=1}^{N} r_{ij} \tag{3.8}$$

为相关系数的空间平均值，r_{ij} 为台站 i 和台站 j 之间气温序列的相关系数，

$$\sigma^2 = \frac{1}{N} \sum_{i=1}^{N} \sigma_i^2 \tag{3.9}$$

为气温序列时间方差的空间平均，σ_i^2 为台站 i 气温序列的时间方差。Jones 等（1997）采用大气环流模式的输出结果来估算 σ_0^2 和 $\overline{r}$。

也可采用②和③式，即利用空间方差 σ_s^2 和相关因子 α_s 计算每一个网格点的抽样误差方差。气温 T_i 的均方差可用下式估计

$$
\begin{aligned}
E^2 = <[\overline{T} - \hat{T}]^2> &= <\left[\frac{1}{N}\sum_{i=1}^{N}(T_i - \overline{T})\right]^2> \\
&= \left[<\frac{1}{N}\sum_{i=1}^{N}(T_i - \overline{T})^2> + <\frac{1}{N}\sum_{\substack{i \neq j \\ i, j=1}}^{N}(T_i - \overline{T})(T_j - \overline{T})>\right] \\
&= \frac{1}{N}\left[\sigma_s^2 + <\frac{1}{N}\sum_{\substack{i \neq j \\ i, j=1}}^{N}(T_i - \overline{T})(T_j - \overline{T})>\right] \\
&= \frac{\sigma_s^2}{N}\left[1 + <\frac{1}{N}\sum_{\substack{i \neq j \\ i, j=1}}^{N}\frac{(T_i - \overline{T})}{\sigma_s}\frac{(T_j - \overline{T})}{\sigma_s}>\right] \\
&= \alpha_s \times \frac{\sigma^2}{N}
\end{aligned} \tag{3.10}
$$

其中
$$
\sigma_s^2 = <\frac{1}{N}\sum_{j=1}^{N}(T_j(t) - \overline{T}(t)^2)> \tag{3.11}
$$

为气温序列的空间方差，

$$
\alpha_s = 1 + \frac{1}{N}\sum_{\substack{i \neq j \\ i, j=1}}^{N}\frac{(T_i - \overline{T})}{\sigma_s}\frac{(T_j - \overline{T})}{\sigma_s} \tag{3.12}
$$

为相关因子，$<\cdot>$ 为总体平均。

假设空间网格点内的气温均匀分布，即格点内每个台站气温的点方差处处相等，并且该格点内各台站气温之间的相关系数也仅取决于两个台站之间的距离，那么抽样误差计算公式（3.10）与公式（3.7）的实质是一样的。误差公式（3.10）的优点在于其能够明确表达气温的空间非均匀性对抽样误差的影响。为保证气温空间方差 σ_s^2 具有分段平稳性，可采用滑动时间窗（moving time window，MTW），这里采用 5 年 MTW。

空间方差 σ_s^2 则可以利用下式进行计算

$$
\hat{\sigma}_s^2(t) = \frac{1}{\|MTW(t)\|}\sum_{\tau \in MTW(t)}\frac{1}{N}\sum_{j=1}^{N}(T_j(\tau) - \hat{T}(\tau))^2 \tag{3.13}
$$

式中，5 年 MTW（t）为中心年份 t，$\|MTW(t)\|$ 为 MTW（t）的年份数。在 5 年滑动窗口中，台站数 N 为变量，并且 $\|MTW(t)\|$ 可能少于 5 年，那么在空间方差计算中需要至少三年以上的气温数据。对于 1953 年，MTW 仅有 3 年数

据，即：$MTW = \{1951, 1952, 1953\}$，因此，$\| MTW(1953) \| = 3$。对 α_s 进行回归估计时需要格点内至少含有 4 个台站，在计算空间方差时格点中同样需要至少含有 4 个台站。

这里没有直接采用（3.12）计算相关因子 α_s，而是利用最小二乘回归进行估计。即将台站数 N 视为一个统计总体，那么 t 时刻格点内所有台站气温距平的平均值为

$$\hat{\bar{T}}_N(t) = \frac{1}{N} \sum_{i=1}^{N} T(t) \tag{3.14}$$

进一步从统计总体 N 中得到 n 个站点的次级随机抽样，其气温次级抽样平均值为

$$\hat{\bar{T}}_n(t) = \frac{1}{n} \sum_{i=1}^{n} T_{n,i}(t) \tag{3.15}$$

式中 $T_{n,i}$ 为样本数为 n 的次级样本中第 i 个台站的气温距平。格点气温的总体平均与抽样平均间的均方差 $\hat{E}_n^2$ 作为一个抽样误差的初始估计，其估计值为：

$$\hat{E}_n^2 = \frac{1}{\| MTW \|} \sum_{\tau \in MTW(t)} \frac{1}{1000} \sum_{n \in S_{1000}} (\hat{T}_N(t) - \hat{\bar{T}}_n(t))^2 \tag{3.16}$$

式中，$MTW(t)$ 代表 t 时刻的五年滑动时间窗口，S_{1000} 为 1000 次随机抽样。

随后根据如下数据对

$$\left(\frac{\hat{E}_n^2}{\hat{\sigma}_s^2}, \frac{1}{n} \right) (n = 1, 2, 3, \cdots, N-1) \tag{3.17}$$

进行最小二乘回归来估算 α_s。

将 $\hat{\alpha}_s$ 和 $\hat{\sigma}_s^2$ 插值到台站数小于 4 的格点上。从中国最东南部的格点 G 开始，如格点 G 内站点数小于 4，该格点的 $\hat{\alpha}_s$ 和 $\hat{\sigma}_s^2$ 则通过以下步骤获得：首先寻找格点 G 同纬度以西第一个格点，如该格点内站点数大于等于 4，将该格点 $\hat{\alpha}_s$ 和 $\hat{\sigma}_s^2$ 值赋给格点 G，否则寻找格点 G 同纬度以东第一个格点。若以上条件均不满足，则继续寻找格点 G 同纬度以西第二个格点；若仍不能获得 $\hat{\alpha}_s$ 和 $\hat{\sigma}_s^2$ 的值，则向北寻找格

点，首先直接寻找格点 G 以北第一个格点，然后分别寻找该格点以西和以东格点，直到获得 $\hat{\alpha}_s$ 和 $\hat{\sigma}_s^2$ 的值。如在格点以北整个纬度带上仍不能赋值，则在格点 G 以南纬度带寻找，最终获得 $\hat{\alpha}_s$ 和 $\hat{\sigma}_s^2$ 的值。

最终，某格点气温 t 时刻的抽样误差方差可根据下式计算得到：

$$E^2 = \hat{\alpha}_s \frac{\hat{\sigma}_s^2}{N} \tag{3.18}$$

3.1.1　月平均气温

根据以上抽样误差不确定性计算方法，首先计算得到了 1951 年 1 月至 2004 年 12 月我国月平均气温抽样误差方差。图 3.3 为根据经均一化处理后的月平均气温

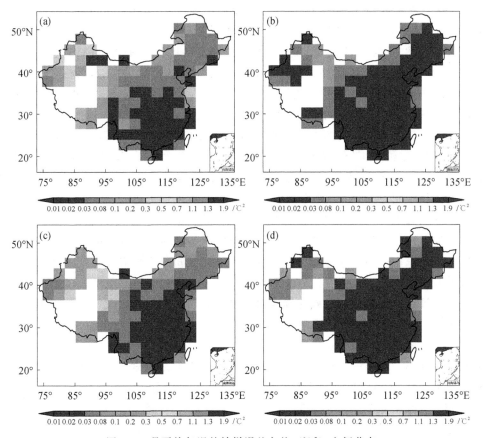

图 3.3　月平均气温的抽样误差方差（℃²）空间分布

（a）1960 年 1 月，（b）1960 年 7 月，（c）2000 年 1 月，（d）2000 年 7 月

资料计算得到的 1960 年 1 月、1960 年 7 月、2000 年 1 月和 2000 年 7 月 4 个代表月的气温抽样误差方差空间分布。由图可见，各月月平均气温变化的抽样误差方差总体上都与气象台站的分布相关，即抽样误差方差在观测网络较为密集的我国东部和南方地区较小，而台站分布稀疏的我国西部和北方地区气温的抽样误差方差则较大，尤其是西藏、新疆、甘肃、青海、宁夏和内蒙古等高纬、高海拔地区，气象台站较少且气温空间方差较大，其误差方差一般在 0.5～2.0 ℃² 之间，而我国东部的广东、福建、浙江和江苏等地区纬度和海拔都较低，气温的抽样误差方差一般小于 0.02 ℃²。从季节变化来看，我国冬季气温的抽样误差方差明显大于夏季，尤其在新疆中部和西藏中部等地区冬夏差异最为明显，部分格点冬夏季差异可在 1.5 ℃² 以上。在年际变化方面，由于后期观测网络已经较为完善，因此抽样误差方差一般要小于早期。

为进一步研究抽样误差不确定性变化的原因，根据公式（3.10）将抽样误差方差 E^2 分为两部分：气温的空间方差 σ_s^2 和相关因子 α_s。以 1960 年 1 月为例，图 3.4 给出了 1960 年 1 月的气温空间方差、相关因子和东亚地形。可见，在青藏高原、天山山脉、准格尔盆地和塔里木盆等地形复杂区域月平均气温的空间方差较大，最大中心位于新疆东部（格点中心位于 42.75°N，94.00°E），误差方差达到 3.9 ℃²。这些气温空间方差大值区主要与地形、纬度和海拔有关，即使较小范围内的气温场也可能存在空间非均匀性，特别是在复杂地形条件下，台站分布不均进一步增大了气温的非均匀方差。气温的空间方差低值区分布于我国东部和南方地区，最低中心位于广东省境内（格点中心位于 22.75°N，111.50°E），仅有 0.05 ℃²。由图中还可发现，相关因子的变化相对较小，其值一般在 0.75～1.0 之间（部分格点超过 1.0，主要由回归计算过程产生的误差造成）。分别将气温的空间方差和相关因子与抽样误差方差的空间分布进一步对比可以发现，相对于相关因子的空间分布，抽样误差方差的空间分布与气温的空间方差分布更为相似，都表现出较一致的东南—西北向分布。由此可见，气温空间方差与抽样误差方差之间存在较好的相关性，即当气温空间方差较大时，可导致抽样误差方差增加。

为验证上述气温空间方差与抽样误差方差间的相关关系，进一步随机选取了一个我国东部地区台站分布较为密集（12 个台站）的格点（格点中心位于 30.25°N，118.5°E）。图 3.5 为该格点 1 月抽样误差方差、空间方差、台站数 N 和相关因子的时间序列图。气温的抽样误差方差和气温空间方差之间表现出非常好的一致性，相关系数达到 0.96。抽样误差方差与气温空间方差的高相关可解释为当格点内台站数和相关因子无明显的时间变化时，气温空间方差的变化将导致抽样误差发生显著变化。这一结果与 Jones 等（1997）的结论有所不同，Jones 等（1997）认为在一定的时空范围内，格点内气温抽样误差方差的变化仅与格点内站点数的变化有关。

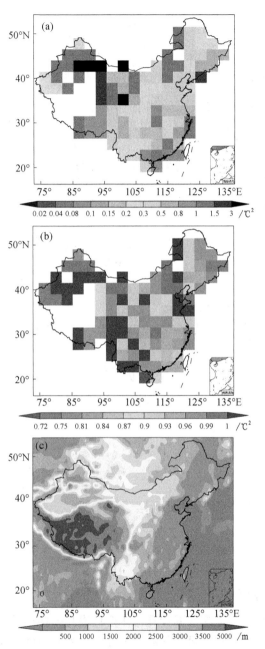

图 3.4　1960 年 1 月 (a) 月平均气温的空间方差（℃²）和 (b)
相关因子的空间分布以及 (c) 东亚地形图 (m)

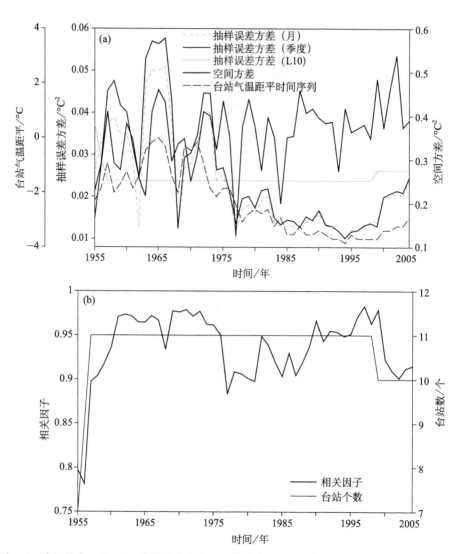

图 3.5 验证格点 1 月（a）抽样误差方差、空间方差和（b）台站数与相关因子时间序列图

3.1.2 月平均最高气温

图 3.6 为根据月平均最高气温计算的 4 个代表月抽样误差方差的空间分布。相对于月平均气温而言，月平均最高气温的抽样误差方差空间分布更为复杂，大值区和小值区交错分布，但总体上仍表现为我国西部和北方较大、东部和南方较小的分布特征。进一步分析其季节差异可以发现：1960 年 7 月月平均最高气温的抽样误差方差在我国大部分地区小于 1 月，仅少数格点的误差方差大于 1 月；2000 年 7

月的抽样误差方差在我国西北和东北地区小于 1 月，而我国东部和南方的冬夏季节差异并不明显。

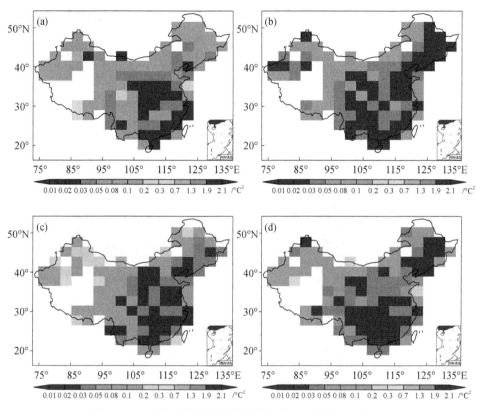

图 3.6　月平均最高气温的抽样误差方差（℃²）空间分布
(a) 1960 年 1 月，(b) 1960 年 7 月，(c) 2000 年 1 月，(d) 2000 年 7 月

3.1.3　月平均最低气温

　　月平均最低气温的抽样误差方差空间分布如图 3.7 所示。抽样误差方差的大值区同样位于观测网稀疏且气温空间方差较大的西北地区以及青藏高原周边区域，其误差方差一般在 0.5～2.0 ℃² 之间，最大值可达 2.3 ℃²。我国东部地区和南方大部分地区为误差方差低值区，一般小于 0.05 ℃²，最小值仅为 0.002 ℃²。从季节差异来看，抽样误差方差同样在冬季远大于夏季，尤其在新疆中部和内蒙古中部差异最为明显，部分格点冬夏季之差可高达 1.5 ℃²。在年际变化方面，后期的误差一般小于前期。

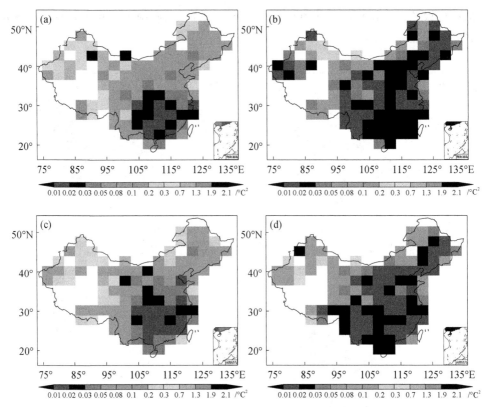

图 3.7 月平均最低气温的抽样误差方差（℃²）空间分布
（a）1960 年 1 月，（b）1960 年 7 月，（c）2000 年 1 月，（d）2000 年 7 月

3.2 我国区域平均气温序列、趋势及不确定性

全球或区域平均地表气温序列和变化趋势是描述气候系统状态最常用的变量，但气象台站气温资料中的各类误差需要给予更充分的研究。为此，需要对区域平均地表气温序列和趋势的不确定性进行估计，从而得出更为可靠的全球或区域平均气温变化序列。

3.2.1 月平均气温

图 3.8 给出了根据区域平均方法计算的 1951—2004 年 1—12 月逐月气温的全国平均序列和不确定性范围。图中清晰地表明，各月的升温趋势和不确定范围都存在较大的年际和年代际变化特征。冬季（12 月—次年 2 月）气温的增暖趋势和不确定性最大。负距平主要出现在 20 世纪 50 年代到 20 世纪 70 年代之间，表明中国经历了明显的冷时期；从 20 世纪 80 年代开始，距平由负转正，说明中国发生了明

显的升温过程。春季（3—5 月）气温的不确定性范围小于冬季，其气温序列在 20
世纪 70 年代之前为负距平，从 20 世纪 70 年代中期开始由负转正。显著的升温主
要从 20 世纪 80 年代后期开始，20 世纪 90 年代升温趋势最为明显。夏季（6—8
月）气温增暖趋势最不明显，其不确定性范围也最小。在对应的气温序列中，20
世纪 50 年代至 20 世纪 80 年代气温变化较小，从 20 世纪 90 年代中期开始升温过
程。秋季（9—11 月）气温序列的变化趋势与冬季较为类似，主要表现为年代际变
化，但不确定性范围小于冬季。

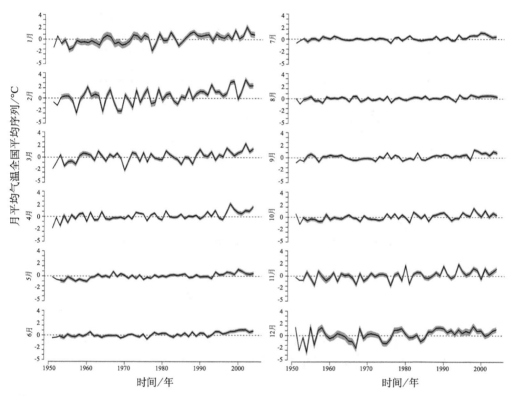

图 3.8　1951—2004 年 1—12 月月平均气温的全国平均序列及不确定性范围
（左列为 1—6 月，右列为 7—12 月，灰色阴影为 2σ 不确定性范围）

　　图 3.9 为 1951—2004 年平均气温的全国平均序列和不确定性范围。由图可见，
年平均气温存在明显的年代际变化：相对冷期主要在 20 世纪 80 年代之前，而增暖
过程主要从 20 世纪 80 年代早期开始发生。不确定性从 20 世纪 50 年代开始逐渐减
小，在 20 世纪 70 年代末至 20 世纪 80 年代中期达到最小，到后期（20 世纪 90 年
代和 21 世纪初）不确定性又逐渐增大。我国年平均气温不确定性的"大—小—大"
变化特征与美国大陆和全球年平均气温的不确定性变化特征较为类似，大致都是在

20 世纪 50 年代至 20 世纪 60 年代和 20 世纪 90 年代至 21 世纪初代较大，而在 20 世纪 70 年代至 20 世纪 80 年代较小。气温序列不确定性的这种变化趋势可能主要与台站数的改变有关。总体来看，尽管部分时期存在较大的抽样误差不确定性，但不确定性并不能改变近 50 年来我国持续增暖的事实。

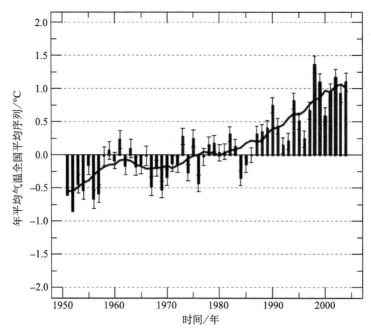

图 3.9 1951—2004 年年平均气温平均序列及不确定性范围
(曲线为年平均气温平均序列；标线为不确定性范围)

表 3.1 为中国 1951—2004 年月平均气温的逐月、季节和年平均线性趋势及不确定性。线性趋势的不确定性采用下式估算

$$T_d = \beta_0 + \beta_1 t + \varepsilon + \varepsilon_E \tag{3.19}$$

式中，T_d 表示逐月气温数据，$\beta_0 + \beta_1 t + \varepsilon$ 为线性统计模型用以代表真实的逐月气温数据，ε 为模型误差，ε_E 为抽样误差不确定性。假设 ε 和 ε_E 相互独立，那么可以认为 (3.19) 式包含以下性质

$$Var(\hat{T}_d) = Var(\varepsilon) + Var(\varepsilon_E) \tag{3.20}$$

其中，$\hat{T}_d = \hat{\beta}_0 + \hat{\beta}_1 t$ 为 T_d 的估计值，$\hat{\beta}_1$ 为估算的线性趋势。不确定性可用 $\hat{\beta}_1$ 的标

准差表示

$$SD(\hat{\beta}_1) = [Var(\hat{T}_d)/S_{xx}]^{1/2} \qquad (3.21)$$

S_{xx} 为解释变量 t 的方差，$Var(\varepsilon)$ 由 $SSE/(n-2)$，$n=107$ 来估算（Wackerly et al.，2002）。因此当 $Var(\varepsilon_E)$ 被引入误差估算后，我们就能够通过计算 $\pm SD(\hat{\beta}_1)$ 来得到更真实的线性趋势。

　　由表 3.1 可见，月平均气温的逐月、季节和年平均值线性趋势均为升温趋势，且都通过了 Mann-Kendall 显著性检验。升温速率最大的是 2 月，线性速率达到 0.514 ± 0.228 ℃/10a；增暖最弱的月份为 8 月，升温速率仅为 0.130 ± 0.065 ℃/10a。年平均气温的线性趋势为 0.266 ± 0.051 ℃/10a。在各季节平均气温中，最强、弱升温率分别为冬、夏季，冬季为 0.403 ± 0.112 ℃/10a 夏季为 0.157 ± 0.052 ℃/10a；春季和秋季升温率分别为 0.287 ± 0.077 ℃/10a 和 0.215 ± 0.079 ℃/10a。

表 3.1　1951—2004 年逐月、季节和年平均气温线性趋势及不确定性（℃/10a）
（符号 ± 为 1σ 不确定性范围，黑色粗体代表通过 95% 显著性检验）

月份	趋势及不确定性
1 月	**0.380±0.143**
2 月	**0.514±0.228**
3 月	**0.322±0.160**
4 月	**0.313±0.127**
5 月	**0.228±0.071**
6 月	**0.202±0.063**
7 月	**0.139±0.065**
8 月	**0.130±0.065**
9 月	**0.180±0.088**
10 月	**0.203±0.099**
11 月	**0.262±0.150**
12 月	**0.316±0.199**
年平均	**0.266±0.051**
冬（DJF）	**0.403±0.112**
春（MAM）	**0.287±0.077**
夏（JJA）	**0.157±0.052**
秋（SON）	**0.215±0.079**

　　（DJF：12 月、1 月、2 月，MAM：3 月、4 月、5 月，JJA：6 月、7 月、8 月，SON：9 月、10 月、11 月，下同）

3.2.2 月平均最高气温

图3.10为1951—2004年1—12月月平均最高气温全国区域平均序列及不确定性范围。冬季（12月—次年2月）气温序列具有最强烈的增暖趋势和不确定性。对应的各月气温序列中，负距平主要出现在20世纪50年代到20世纪70年代之间；从20世纪80年代开始，负距平逐渐变为正距平，说明中国发生了明显的升温过程。春季（3—5月）气温序列在20世纪70年代之前为负距平，从20世纪70年代中期开始由负转正。显著的升温主要从20世纪80年代后期开始，20世纪90年代升温趋势最为明显。夏季（6—8月）气温增暖趋势最不明显，不确定性范围在四个季节中也最小。在对应的气温序列中，20世纪50年代至20世纪80年代气温变化较小，从20世纪90年代中期开始发生升温过程。秋季（9—11月）为过渡季节，气温序列的变化趋势与冬季较为类似，主要表现为年代际尺度变化，不确定性范围为开始增大。

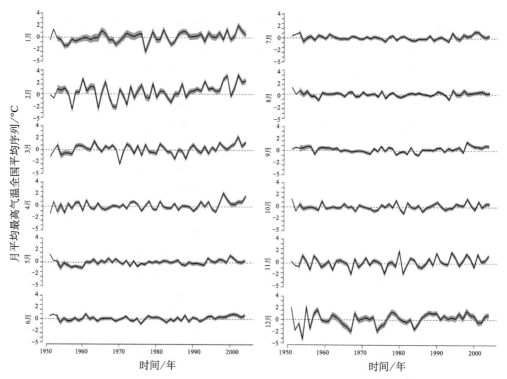

图3.10　1951—2004年1—12月月平均最高气温的全国平均序列及不确定性范围
（左列为1—6月，右列为7—12月，灰色阴影为2σ不确定性范围）

图3.11为1951—2004年年平均最高气温全国平均序列及不确定性范围。年平均最高气温在20世纪80年代中期之前并无明显的年代际趋势，主要表现为年际变

化。最高气温的升温主要从 20 世纪 80 年代中后期开始，到 20 世纪 90 年代迅速增暖。不确定性范围的变化特征与平均气温类似，都表现为 20 世纪 50 年代至 20 世纪 60 年代和 20 世纪 90 年代至 21 世纪初两个时期较大（不确定性最大值可接近 ±0.5℃），而在 20 世纪 70 年代至 20 世纪 80 年代较小的特征。

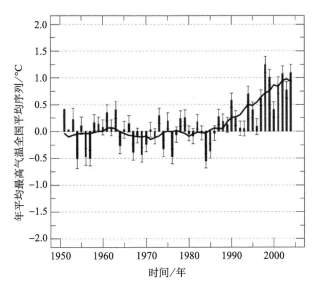

图 3.11　1951—2004 年年平均最高气温平均序列及不确定性范围
（曲线为年平均最高气温平均序列；标线为不确定性范围）

　　表 3.2 给出了逐月、季节和年平均最高气温的线性趋势及不确定性范围。由表中同样可以发现各月均表现为升温趋势，年平均最高气温的线性趋势达到 0.147±0.061 ℃/10a，通过 95％的显著性检验。各月中增暖最显著的是 2 月，其他主要的增暖发生在 1 月、4 月、5 月和 6 月，均通过 95％的显著性检验。春季、夏季、秋季和冬季四个季节升温率分别为 0.157±0.087 ℃/10a、0.048±0.067 ℃/10a、0.105±0.089 ℃/10a 和 0.279±0.136 ℃/10a，但仅冬季和春季增暖趋势是显著的，通过 95％的显著性检验。

表 3.2　1951—2004 年逐月、季节和年平均最高气温线性趋势及不确定性（℃/10a）
（符号±为 1σ 不确定性范围，黑色粗体代表通过 95％显著性检验）

月份	线性趋势及不确定性
1 月	**0.236±0.169**
2 月	**0.400±0.269**
3 月	0.169±0.180

月份	线性趋势及不确定性
4 月	**0.199±0.149**
5 月	**0.105±0.101**
6 月	**0.085±0.086**
7 月	0.036±0.081
8 月	0.022±0.085
9 月	0.068±0.096
10 月	0.070±0.115
11 月	0.175±0.186
12 月	0.202±0.232
年平均	**0.147±0.061**
冬（DJF）	**0.279±0.136**
春（MAM）	**0.157±0.087**
夏（JJA）	0.048±0.067
秋（SON）	0.105±0.089

3.2.3 月平均最低气温

　　1951—2004 年 1—12 月月平均最低气温的全国平均序列和不确定性范围如图 3.12 所示。与平均气温的结果类似，最低气温在所有月份都存在明显的升温趋势，其中冬季（12 月—次年 2 月）是各季节中升温趋势最为明显且不确定性最大的季节。春季（3—5 月）升温速率和不确定性比冬季小，但仍大于其他季节。秋季（9—11 月）的升温速率和不确定性与春季类似。夏季（6—8 月）升温速率最弱，不确定性范围也最小。秋季在 20 世纪 50—20 世纪 70 年代期间，各月最低气温的变化特征略有不同：春季和冬季以负距平分布为主，而夏季和秋季则为正距平或较小的负距平；从 20 世纪 80 年代开始，所有月份均转变为明显的正距平分布。

　　图 3.13 给出了年平均最低气温全国平均序列和不确定性范围。如图所示，主要的增暖过程从 20 世纪 80 年代早期开始，而相对寒冷期主要分布在 20 世纪 80 年代之前，特别是 20 世纪 50 年代中期和 20 世纪 60 年代末期最为明显。年平均最低气温的不确定性范围在 20 世纪 50 年代到 20 世纪 70 年代之间逐渐减小，并且在 20 世纪 70 年代末到 20 世纪 80 年代中期达到最小值，但随后逐渐增大。

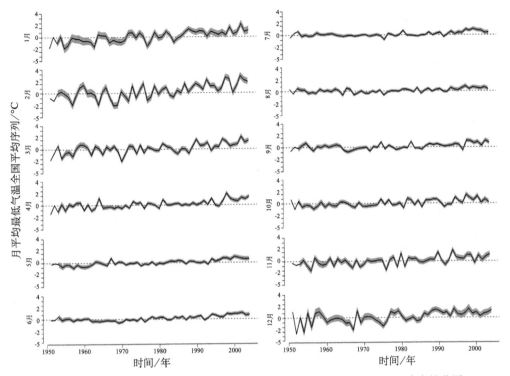

图 3.12　1951—2004 年 1—12 月月平均最低气温的全国平均序列及不确定性范围

（左列为 1—6 月，右列 7—12 月，灰色阴影为 2σ 不确定性范围）

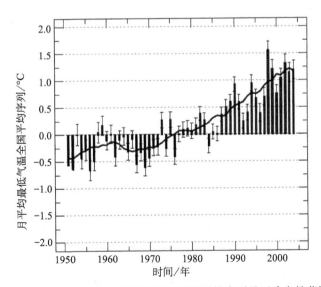

图 3.13　1951—2004 年年平均最低气温平均序列及不确定性范围

（曲线为年平均气温平均序列；标线为不确定性范围）

表 3.3 为最低气温的逐月、季节平均和年平均值线性趋势及不确定性范围。由表可见，月、季节和年平均最低气温都为显著的升温趋势，通过 95％ 的显著性检验。2 月同样是增暖最为明显的月份，线性速率达到 0.578±0.211 ℃/10a，而增暖幅度最小的月份是 8 月，升温率仅为 0.109±0.072 ℃/10a。年平均最低气温的线性趋势为 0.299±0.053 ℃/10a。各季节平均中，最强（弱）升温率分别为冬（夏）季的 0.489±0.106 ℃/10a（0.156±0.057 ℃/10a）；春季和秋季升温率分别为 0.319±0.076 ℃/10a 和 0.233±0.082 ℃/10a。

表 3.3 1951—2004 年逐月、季节和年平均最低气温线性趋势及不确定性（℃/10a）

（符号±为 1σ 不确定性范围，黑色粗体代表通过 95％ 显著性检验）

月份	线性趋势及不确定性
1 月	**0.486±0.141**
2 月	**0.578±0.211**
3 月	**0.382±0.157**
4 月	**0.323±0.116**
5 月	**0.253±0.067**
6 月	**0.224±0.066**
7 月	**0.134±0.070**
8 月	**0.109±0.072**
9 月	**0.171±0.094**
10 月	**0.225±0.109**
11 月	**0.304±0.140**
12 月	**0.402±0.190**
年平均	**0.299±0.053**
冬（DJF）	**0.489±0.106**
春（MAM）	**0.319±0.076**
夏（JJA）	**0.156±0.057**
秋（SON）	**0.233±0.082**

3.3 均一化对气温变化不确定性的影响

气象资料的均一化是气候变化研究的基础，对于定量评估气候变化特征和变率至关重要。然而，原始资料中含有许多需要校正的误差，如台站迁址、观测仪器换代、观测规范变化、城市热岛效应等因素导致的误差，并不能真实地反映气候状态，因此在气候变化研究中必须首先对原始资料进行均一化处理。那么，对原始资料的均一化处理是否会对气候变化的不确定性评估产生影响？如果有影响，影响又有多大？这里以月平均气温为例评估资料均一化过程对气候变化不确定性的影响。

对比图 3.14 和图 3.3 可见，根据两种月平均气温资料得到的抽样误差方差无论是空间分布、季节变化和年际变化，都存在较好的一致性。但未经均一化处理的月平均气温在所有月份的抽样误差方差均比均一化资料有不同程度增加。从二者差值图上（图略）也可发现，1960 年 1 月两种资料抽样误差方差的差值大值区主要位于西藏中部、新疆中部、内蒙古东部和黑龙江西部等地，差值一般在 $0.3\ ℃^2$ 以上，最大中心在西藏南部，达 $0.52\ ℃^2$，而西北地区中东部、西南地区西部，华南和华北部分地区为差值负值区。1960 年 7 月两类资料得到的抽样误差方差差值均为正值，大值区主要位于西藏中部、新疆中部以及内蒙古西部，最大正值中心同样

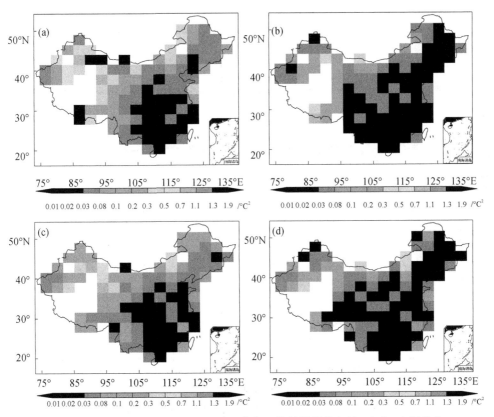

图 3.14　未经均一化处理的月平均最高气温的抽样误差方差（$℃^2$）空间分布

(a) 1960 年 1 月，(b) 1960 年 7 月，(c) 2000 年 1 月，(d) 2000 年 7 月

位于西藏南部，达到 $0.67\ ℃^2$。2000 年 1 月差值大值区主要位于新疆东部和内蒙古东部。2000 年 7 月差值基本以正值为主，大值区在黑龙江西部和浙江地区，最大正异常中心可达 $0.56\ ℃^2$。总体来看，采用未经均一化处理的月平均气温得到的抽样误差明显大于均一化资料得到的抽样误差，并且二者差异在台站较为稀疏的西部地区和我国北方最为明显。因此，在研究这些地区气候变化时，资料的均一化处理显得尤为重要。

图 3.15 为根据未经均一化处理的月平均气温得到的 1—12 月的全国平均序列及不确定性范围。对比图 3.15 和图 3.8 可见，资料均一化前后得到的气温序列及不确定性范围总体较为类似，但各自的升温幅度和不确定性范围存在较大差异：未经均一化处理的序列升温趋势更显著，不确定性范围较大，并且这种差异在冬、春季尤为明显。均一化造成的增暖趋势及不确定性范围差异同样存在于年平均序列中（图略）。

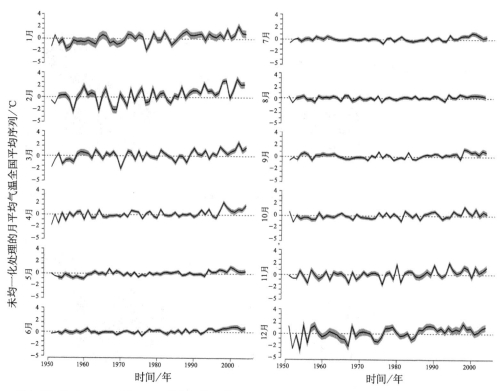

图 3.15 1951—2004 年 1—12 月未经均一化处理的月平均气温的全国平均序列及不确定性范围

（左列为 1—6 月，右列为 7—12 月，灰色阴影为 2σ 不确定性范围）

表 3.4 为根据未经均一化处理的月平均气温计算得到的 1951—2004 年月、季

节和年平均气温线性趋势及不确定性范围。由表中可见，使用未经均一化处理资料
得到的升温率与均一化资料的结果大致类似，都表现为冬、春季增暖明显而夏、秋
季增暖相对较弱的特点。但需要指出的是，对比表 3.4 和表 3.1 可看出，前者的升
温趋势比后者明显偏大，尤其在冬季和春季最为明显。其次，前者的不确定性范围
也较后者有所增加，这些特征与前文的分析结果一致。

表 3.4　1951—2004 年未经均一化处理的逐月、季节和年平均气温线性趋势及不确定性（℃/10a）
（符号±为 1σ 不确定性范围，黑色粗体代表通过 95％显著性检验）

月份	趋势及不确定性/℃/10a
1 月	**0.504±0.145**
2 月	**0.597±0.232**
3 月	**0.398±0.167**
4 月	**0.336±0.137**
5 月	**0.264±0.079**
6 月	**0.227±0.068**
7 月	**0.147±0.071**
8 月	**0.104±0.070**
9 月	**0.180±0.111**
10 月	**0.239±0.141**
11 月	**0.321±0.191**
12 月	**0.422±0.111**
年平均	**0.311±0.053**
冬（DJF）	**0.508±0.117**
春（MAM）	**0.333±0.085**
夏（JJA）	**0.159±0.058**
秋（SON）	**0.247±0.083**

3.4　不确定性对我国极端冷暖年排序的影响

全球气温的年份排序是气候监测中一项重要的组成部分，这种排序可以是单一
站点、国家、大洲或者全球范围内的排位。但是，全球温度时间序列的每个年份值
都存在一定程度的不确定性，从而导致年份排序的不确定性。例如 Shen 等

(2012) 对美国大陆近百年来最冷和最热的 10 年进行了排位。

首先，在不考虑不确定性影响的情况下对我国近几十年来 10 个最冷和最热的年份进行排序。排序采用威尔科克森符号秩检验（Wilcoxon signed rank test），威尔科克森符号秩检验是在成对观测数据的符号检验上发展起来，较传统的单独采用正负号的检验更加有效，适用于 T 检验中的成对比较，但并不要求成对数据之差服从正态分布，只要求对称分布即可。检验成对观测数据之差是否来自均值为 0 的总体。威尔科克森符号秩检验的详细介绍可参见 Hollander 等（1973）。这里采用以下气温距平对进行检验，

$$\begin{pmatrix} Jan_{Yeari} \\ \vdots \\ Dec_{Yeari} \end{pmatrix} vs. \begin{pmatrix} Jan_{Yeari+1} \\ \vdots \\ Dec_{Yeari+1} \end{pmatrix}_{(i=1, \cdots, 9)} \tag{3.22}$$

即检验某一年是否显著的暖（冷）于其他年份。

表 3.5 为分别根据年平均气温、年平均最高和最低气温确定的十个最热（冷）的年份。由表可见，年平均气温的十个最热的年份均发生在 20 世纪 90 年代之后，最热的三年分别为 1998、2002 和 2004 年，其距平值分别达到了 1.36 ℃、1.17 ℃和 1.10 ℃。百分之九十最冷的年份发生在 20 世纪 80 年代之前，最冷的三年为 1952、1956 和 1951 年，其距平值分别为 -0.86 ℃、-0.67 ℃和 -0.61 ℃。对于最高气温，最热的十年中九年发生在 20 世纪 90 年代之后，而最冷的十年除 1984年外，其余均发生在 20 世纪 80 年代之前。最低气温的十个最热年与年平均气温的结果十分类似，十个最冷年中有八年发生在 20 世纪 70 年之前。

表 3.5 根据年平均气温、年平均最高和最低气温计算的十个最热和最冷年

（括号内为气温距平/℃）

最热（冷）十年 月平均气温/℃		最热（冷）十年 最高气温/℃		最热（冷）十年 最低气温/℃	
1998 (1.36)	1952 (-0.86)	1998 (1.24)	1984 (-0.55)	1998 (1.56)	1956 (-0.67)
2002 (1.17)	1956 (-0.67)	2004 (1.10)	1954 (-0.51)	2002 (1.32)	1952 (-0.64)
2004 (1.10)	1951 (-0.61)	2002 (1.07)	1957 (-0.50)	1999 (1.21)	1969 (-0.61)
1999 (1.09)	1957 (-0.59)	1999 (1.01)	1956 (-0.47)	2004 (1.19)	1951 (-0.56)
2001 (0.95)	1954 (-0.54)	2001 (0.87)	1976 (-0.46)	2003 (1.15)	1967 (-0.55)
2003 (0.93)	1969 (-0.52)	2003 (0.77)	1969 (-0.43)	2001 (1.05)	1957 (-0.49)

最热（冷）十年 月平均气温/℃		最热（冷）十年 最高气温/℃		最热（冷）十年 最低气温/℃	
1994（0.81）	1967（−0.47）	1994（0.70）	1967（−0.38）	1994（0.95）	1954（−0.44）
1990（0.74）	1953（−0.44）	1997（0.63）	1985（−0.36）	1990（0.93）	1970（−0.43）
1997（0.67）	1976（−0.43）	1990（0.58）	1974（−0.32）	2000（0.76）	1962（−0.41）
2000（0.59）	1984（−0.36）	1963（0.41）	1964（−0.26）	1997（0.70）	1976（−0.40）

　　需要注意的是，上述极端冷热年的排位过程中并未考虑不确定性对极端冷暖年排位的影响。不确定性是否会对极端冷暖年的排序产生影响？由图 3.9 和表 3.5 可知，2001 年年平均气温距平为 0.95 ℃，在最热的十年中排位第五。由于不确定性的存在，2001 年的气温距平与该年的不确定性之和可使 2001 年上升成为排位第二位的最热年，同时 2001 年气温距平与不确定性之差也能造成该年下降成为排位第八位的最热年份（图 3.16）。因此在气候变化评估中对不确定性要素极端气候年排序的影响进行评估显得尤为重要。以年平均气温为例，采用 Guttorp 等（2013）发展的评估方法评估了不确定性对年份排位的影响。

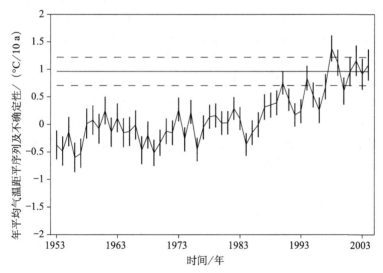

图 3.16　1951—2004 年年平均气温序列及不确定性（误差条为 95% 信度区间，
实线为 2001 年距平，虚线为 2001 年气温不确定性上下界范围）

　　进一步将 1951—2004 年间每年的年平均气温和误差视为相互独立，则可以根据观测资料和误差不确定性模拟得到具有相同随机结构的气温序列。采用 R 软件的 Rnorm 函数，可以得到一系列随机气温序列。图 3.17 为随机得到的十条年平均气温距平模拟曲线。

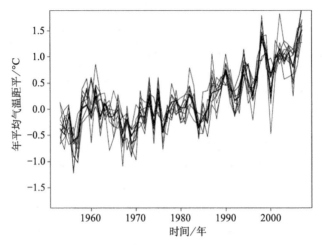

图 3.17 10 条随机气温距平模拟曲线

采用 R 软件中的 Rank 函数可计算序列中每一年年平均气温的冷热年排序。将计算过程重复十万次，得到了每一年年平均气温排序的概率分布情况。由于 1951 和 1952 年没有抽样误差不确定性数据，这里仅针对 1953—2004 年的数据进行分析。图 3.18 为模拟的 1953—2004 年最热年概率分布。由图中可见，1998、2002 和 2004 年为最热的三年，其排位不确定性也最小。1998 年成为最热年份的概率最高，为 0.52；2002 年为最热年份的概率次之，为 0.17；2004 年概率最低，仅为 0.13。

与图 3.18 类似，图 3.19 给出了 1953—2004 年最冷年排序分布。1956 年为最冷年份的概率最高，达到 0.22；1957 年次之，为 0.13；1954 年为 0.12。因此，可以认为除 1951 和 1952 年外，1956 年是最冷年份的排位不确定性最小。

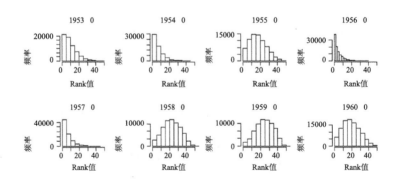

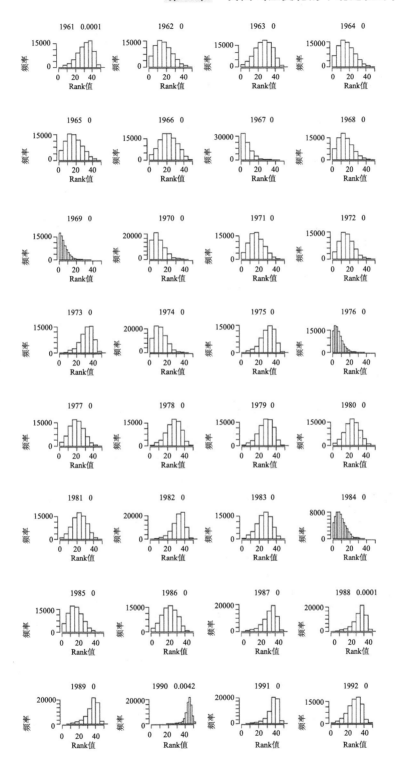

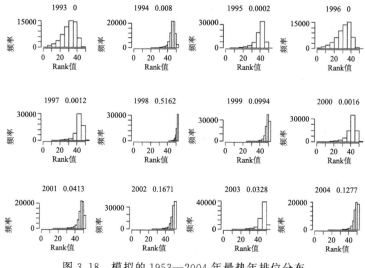

图 3.18　模拟的 1953—2004 年最热年排位分布

（图中右上角数字为该年成为最热年的概率）

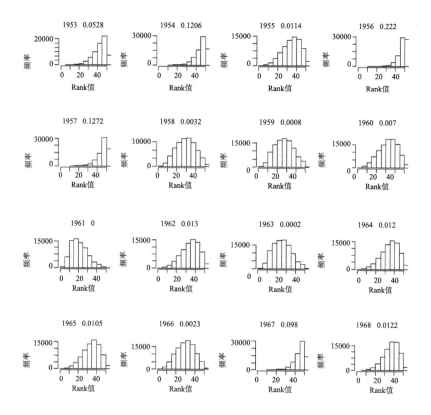

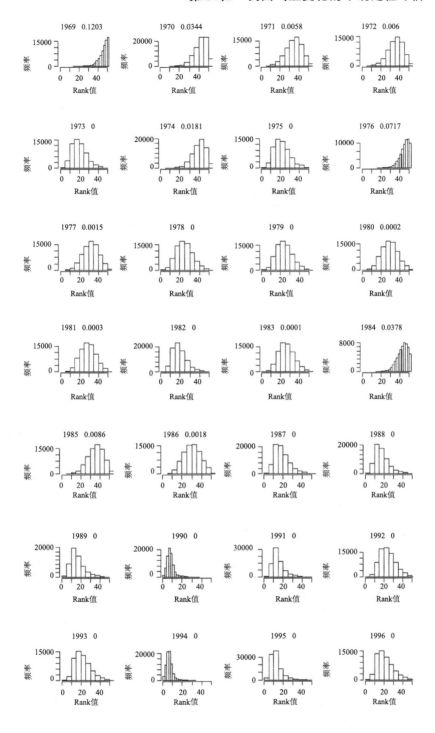

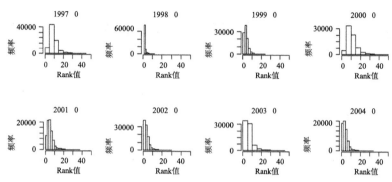

图 3.19   模拟的 1953—2004 年最冷年排位分布

（图中右上角数字为该年成为最冷年的概率）

第4章 青藏高原气温变化的不确定性评估

青藏高原是世界上面积最大、平均海拔最高的高原。关于全球变暖背景下青藏高原的响应研究日益增多，不断有新的证据表明青藏高原的增暖在持续发生。那么青藏高原在近几十年中的增暖是否可信？其不确定性有多大？这些问题都需要深入探讨。

4.1 青藏高原气温变化抽样误差的不确定性

4.1.1 抽样误差不确定性的基本特征

采用中国气象局提供的 1951—2013 年青藏高原及周边地区 100 个海拔高度在 2000 m 以上的气象台站气温数据进行分析。图 4.1 给出了 1951 年 1 月至 2013 年 12 月数据可用的青藏高原气象台站变化情况。可以发现，在 20 世纪 50 年代初期，台站数迅速从 7 个增至 30 个，之后持续增加，从 70 年代开始保持在 90 个左右。采用 3.1 中的方法，将 100 个气象台站逐月月平均气温插值到 2.5°×3.5°空间分辨率的格点（25.00～45.00°N，75.00～106.50°E）上。

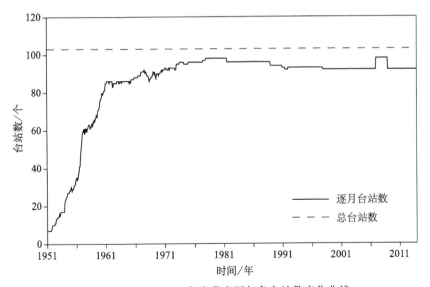

图 4.1 1951—2013 年青藏高原气象台站数变化曲线

采用 3.1 节中的方法计算了 1951 年 1 月至 2013 年 12 月逐月月平均气温的抽样误差不确定性。图 4.2 给出了 1954 年 5 月、1961 年 7 月、1989 年 10 月和 2007 年 1 月四个代表月份青藏高原气温变化的抽样误差方差空间分布。从图中可以看出，高原气温的抽样误差不确定性与高原地形和台站分布有关，高原大部分地区缺乏观测，所以相应的格点均为空白。高原主体范围内，误差方差大值区主要位于高原西北部和高原北部地区，而高原东部相对较小。需要注意的是，高原东南部横断山脉地区存在较大的误差方差，这主要与局地地形的复杂性和气温空间方差的非均匀性有关。

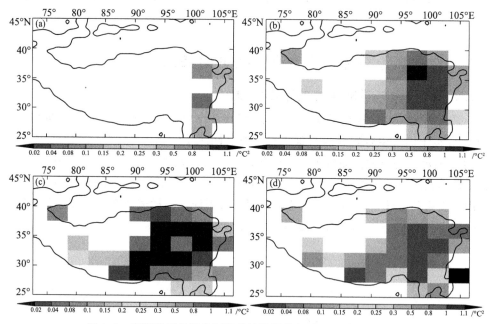

图 4.2　青藏高原月平均气温的抽样误差方差（℃²）空间分布

(a) 1954 年 5 月，(b) 1961 年 7 月，(c) 1989 年 10 月，(d) 2007 年 1 月

观测误差也是不确定性的重要来源之一，其定量估算一直是研究中的重点和难点。有研究曾指出美国气温数据中的观测误差可认为是抽样误差的二分之一（Shen et al.，2012）。如采用该假设，那么格点气温数据可以表示为

$$\overline{T} = \overline{\hat{T}} + \varepsilon_s + \varepsilon_o \qquad (4.1)$$

其中 $\overline{T}$ 为格点气温场，$\overline{\hat{T}}$ 为对格点气温场的估计值，ε_s 和 ε_o 分别为抽样误差和观

测误差。

进一步假设 ε_s 和 ε_o 均满足均值为零的正态分布，即

$$\varepsilon_s \sim N(0, E^2) \text{ 和 } \varepsilon_o \sim N(0, E_o^2) \tag{4.2}$$

式中 E^2 为抽样误差方差，E_o^2 为观测误差方差。再假设抽样误差和观测误差统计不相关，那么某格点内气温的总体误差方差为

$$\varepsilon^2 = E^2 + E_o^2 \tag{4.3}$$

当将观测误差考虑为抽样误差的二分之一时，(4.3) 式可转换为

$$\varepsilon^2 = E^2 + E_o^2 = E^2 + \left(\frac{1}{2}E^2\right) = \frac{5}{4}E^2 \tag{4.4}$$

因此，当考虑观测误差后，实际的总体误差不确定性将比图 4.2 中的误差值大约四分之一。

4.1.2　抽样误差不确定性的变化趋势

尽管青藏高原误差不确定性得到了定量评估，但不确定性的长期变化趋势仍不清楚，需要进一步探索。将高原按照 $2.5° \times 3.5°$ 空间分辨率分为 54 个格点，但其中仅有 30 个格点内有气象台站（图 4.3）。

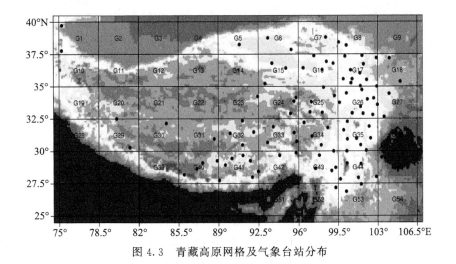

图 4.3　青藏高原网格及气象台站分布

　　首先给出每一个含有观测数据的格点的季节和年平均抽样误差方差年际变化曲线（图 4.4）。由图中可见，对于年平均误差方差（图 4.4a），高原东南部、北部和西北部均存在明显的年际变化。例如，第 45 号格点 1991 年起误差方差为 0.323 ℃²，但到了 2010 年已经达到 0.763 ℃²，而高原东部和南部格点，例如 G26 号和 G34 号格点，其年际变率相对较小。总体来看，大部分格点的抽样误差方差均有增大趋势。误差方差的春季和夏季平均年际变化曲线与年平均值的年际变化曲线较为类似，但秋季和冬季则有较大差异。对比误差方差的年平均和季节平均变化曲线可以发现，冬季抽样误差方差对年平均序列变率影响最大。

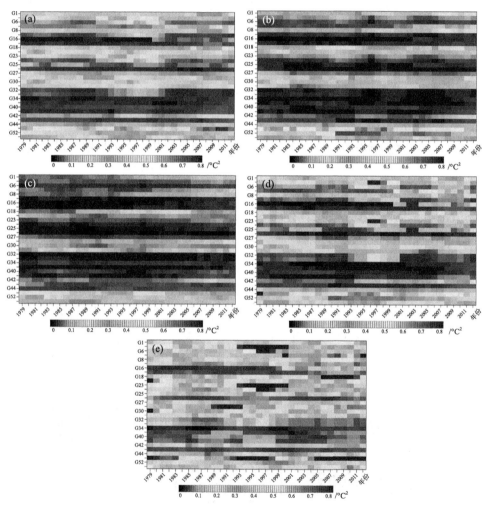

图 4.4　1979—2012 年季节和年平均抽样误差方差（℃²）变化曲线

（a）年平均，（b）春季，（c）夏季，（d）秋季，（e）冬季

进一步给出多年平均的青藏高原气温抽样误差方差年内分布（图 4.5a），可以发现冬季误差最大，11 月至次年 2 月分别为 0.211 ℃²，0.257 ℃²，0.268 ℃² 和

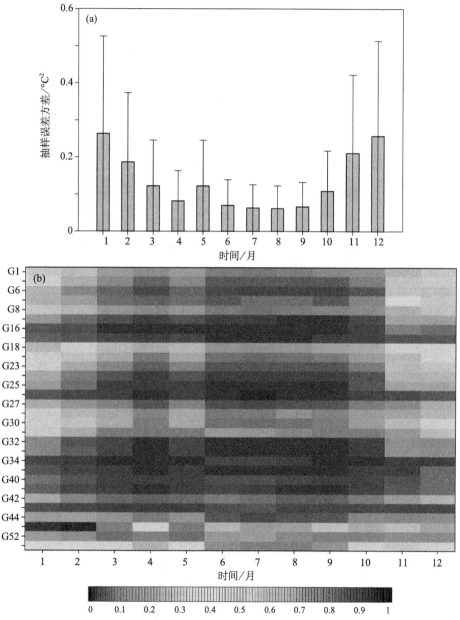

图 4.5　（a）多年平均（1979—2012）的青藏高原气温抽样误差方差年内分布和
（b）各格点抽样误差方差年际变化图

0.187 ℃²。误差最小的季节为夏季 6—8 月，分别为 0.070 ℃²，0.063 ℃² 和
0.063 ℃²。此外，还给出了气候平均条件下所有格点气温抽样误差方差年内分布
（图 4.5b），其结果同样表现出夏季误差最小、冬季最大的特征。值得注意的是，
格点 G45 每个月抽样误差方差都是高原所有格点中的最大值。

　　根据所得的高原抽样误差方差估算结果，可进一步得到其变化的线性趋势空间
分布。图 4.6 为季节和年平均抽样误差方差线性趋势空间分布图。从图中可见，
1979—2012 年年平均误差方差变化的线性趋势分布并不均匀，高原中东部和西部
地区主要为减少趋势，尤其在高原东部和西南部地区线性趋势可通过 0.05 的显著
性检验。气温抽样误差方差显著增大的地区主要位于高原东南部、南部和西北部。
尽管各季节抽样误差方差变化的线性趋势差异较大，但仍存在一定的共同之处，如
在高原中部、西北部和南部四季均为显著的增加趋势。

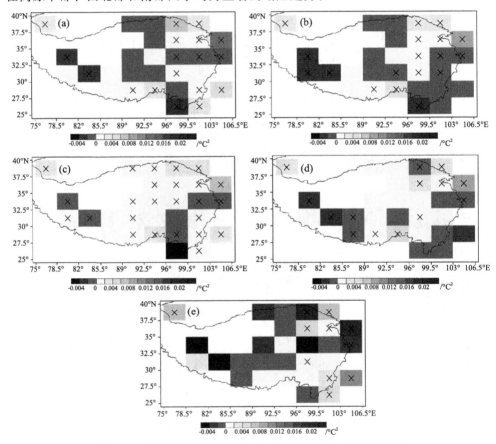

图 4.6　青藏高原气温抽样误差方差变化的线性趋势空间分布
（×代表通过 0.05 的显著性水平检验）
（a）年平均，（b）春季，（c）夏季，（d）秋季，（e）冬季

　　为进一步估算青藏高原气温变化的抽样误差方差在不同时间尺度上的变化趋势，结合滑动窗口技术对数据进行分段趋势分析，分段线性趋势的计算采用至少10 年的滑动窗口（图 4.7）。当时间窗口小于 23 年时，青藏高原气温的年平均抽样误差方差在 1993 年之前主要表现为显著的减少趋势，之后开始转变为增加趋势。除夏季外，高原其余季节气温的抽样误差方差变化趋势与年平均类似。就春季而言，20 世纪 80 年代主要为较弱的减弱趋势，此后开始转为增加趋势。夏季当时间窗口在 10~15 年时，1983 年之前为显著的减弱趋势，到 20 世纪 80 年代中期之后

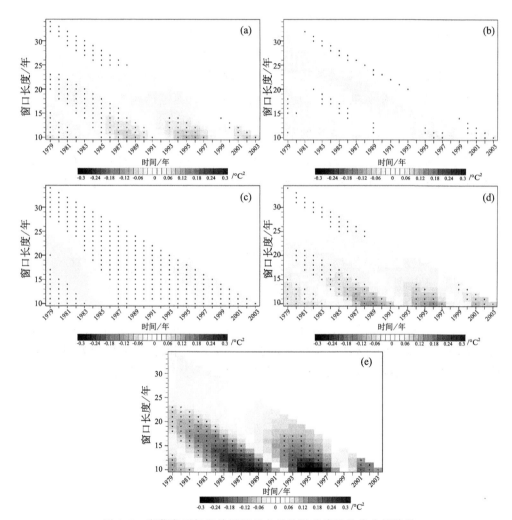

图 4.7　青藏高原气温抽样误差方差的滑动线性趋势分析结果

（a）年平均，（b）春季，（c）夏季，（d）秋季，（e）冬季

变为增加趋势。秋季和冬季结果较为类似，均表现为当时间窗口小于 15 年时在 20 世纪 80 年代中期之前为减少趋势，之后开始显著增大，而 20 世纪 90 年代期间显著减少，2001 年之后又开始增大。

4.2 青藏高原区域平均气温序列、趋势及不确定性

图 4.8 给出了 1—12 月青藏高原平均气温变化曲线及误差范围。由图可见，冬季（12 月—次年 2 月）各月升温都较为明显，且都存在较大的年际变化。春季（3—5 月）各月气温序列在 20 世纪 50—70 年代存在较大变率，从 80 年代初开始出现明显的升温趋势。夏季（6—8 月）在 50—70 年代略有降温，之后开始迅速升温。秋季（9—11 月）气温在 80 年代中期以前呈现较弱的升温趋势，之后开始迅速升温。总体来看，冬季的升温趋势和误差最为明显。需要指出的是，图 4.8 仅考虑了抽样误差，当考虑观测误差后，其实际不确定性范围应为 $\varepsilon = \sqrt{E^2 + E_o^2} = \sqrt{\frac{5}{4}E^2} \approx 1.12E$，即较图 4.8 中的不确定性范围增加约 10%。

图 4.9 进一步给出了青藏高原年平均气温变化曲线及误差范围。这里可假设月平均气温的误差方差相互独立。因此，年平均气温的年标准差可根据下式进行计算，

$$\bar{\varepsilon}_{Ann} = \left(\frac{1}{12}\sum_{m=1}^{12}\bar{\varepsilon}_m^2/12\right)^{1/2} = \left[\frac{1}{12}\sum_{m=1}^{12}(\bar{E}_m^2 + \bar{E}_{o,m}^2)/12\right]^{1/2} = \left(\frac{5}{48}\bar{E}_{Ann}^2\right)^{1/2} \quad (4.5)$$

式中 $\bar{E}_m^2$ 为高原逐月气温的抽样误差，$\bar{E}_{o,m}^2$ 为随机观测误差，$\bar{\varepsilon}_m^2$ 为逐月平均误差。因此，0.05 置信区间误差范围等于 $\pm 2\bar{\varepsilon}_{Ann}$。由近几十年来高原年平均气温变化曲线（图略）可以看出，冷期主要在 20 世纪 80 年代中期之前，之后则为相对暖期，对应的不确定性范围尽管存在，但并不足以改变高原持续增暖的结论。

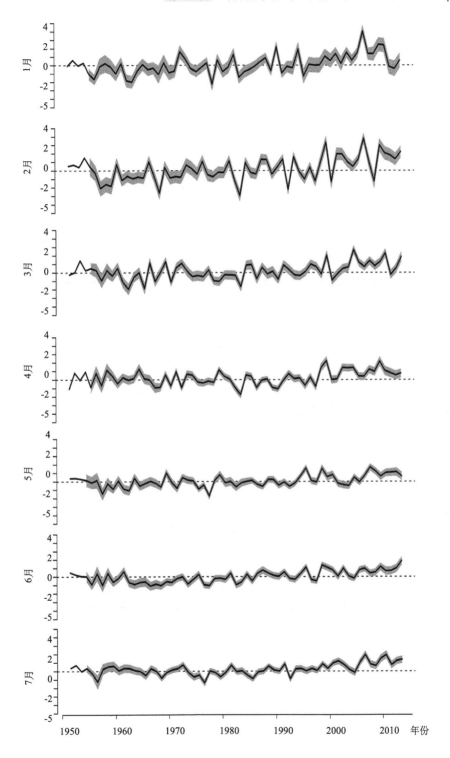

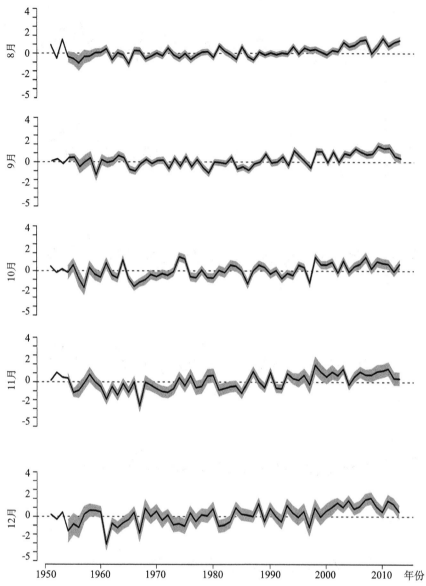

图 4.8   1—12 月月平均气温的青藏高原区域平均序列及不确定性范围（单位：℃）

（灰色阴影为 2σ 不确定性范围）

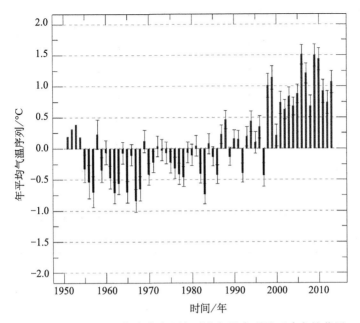

图 4.9　1951—2013 年青藏高原年平均气温序列及不确定性范围

对于高原升温趋势而言，由表 4.1 可见，所有月份均为增暖趋势，其中增暖幅度最大的月份为 2 月，最小为 4 月。对于四季而言，升温趋势最快的是冬季。

表 4.1　1951—2004 年逐月、季节和年平均气温线性趋势及不确定性

（符号±为 1σ 不确定性范围，黑色粗体代表通过 95％显著性检验）

月份	趋势及不确定性/℃/10a
1 月	**0.31±0.14**
2 月	**0.34±0.17**
3 月	**0.21±0.12**
4 月	**0.15±0.11**
5 月	**0.17±0.09**
6 月	**0.22±0.08**
7 月	**0.18±0.08**
8 月	**0.19±0.08**

续表

月份	趋势及不确定性/℃/10a
9 月	0.19±0.09
10 月	0.17±0.11
11 月	0.25±0.11
12 月	0.31±0.12
年平均	0.22±0.06
冬（DJF）	0.32±0.10
春（MAM）	0.18±0.08
夏（JJA）	0.19±0.06
秋（SON）	0.21±0.07

第5章 考虑不确定性的东亚百年历史气温场重建

研究某一地区或国家气候变化对气候资源开发和工农业生产具有重要意义。在气候变化研究中，气温是最重要的基础数据。由于受到经济、技术、地理和历史等客观因素限制，气象台站的布设往往是有限的，其空间布局并不完全合理。这一现状已无法满足人们对高时空分辨率气象资料日益增长的要求。为克服这一问题，人们利用空间插值技术根据离散的台站观测数据对观测站点以外区域的气象数据进行估算，并进一步转化为规则的格点数据，大大提高了气温序列的可用性和代表性。由于气象要素来源于有限的观测台站，而实际中很多研究需要使用高分辨率的格点资料（贾朋群，1999）。因此，必须采用数学方法将观测资料插值到规则的网格点上。Ashra 等（1997）使用距离平方反比法、距离反比法、普通克里金法和克里金法对美国逐日气象数据进行了插值分析。Nalder 等（1998）采用考虑经纬度和海拔高程的梯度距离反比法对加拿大西部气温和降水量进行了插值，并与反距离加权法、克里金法的结果进行比较，发现梯度距离反比法优于其他方法。Xie 等（2007）建立的 $0.5° \times 0.5°$ 的东亚日降水量数据集。Chen 等（2002）建立了 NOAA 全球海陆降水重建数据集。该数据集陆地部分降水量由美国国家海洋和大气局（National Oceanic and Atmospheric Administration，NOAA）国家气候数据中心（National Climatic Data Center，NCDC）发布的全球历史气候观测网数据第二版（Global Historical Climatology Network，GHCN）（NOAA/NCDC GHCN Version 2）和美国国家海洋和大气局气候预测中心（Climate Prediction Center）发布的气候异常监测系统（Climate Anomaly Monitoring System，CAMS）数据（NOAA/CPC CAMS）数据集通过最优插值得到，海洋部分降水量分由岛屿和陆地区台站历史观测资料经验正交函数分解（Empirical Orthogonal Function，EOF）重建获得。EOF 模态为近期卫星估计资料整个空间分布上的 EOF 分析。国内关于气象要素空间插值已有较多研究。封志明等（2004）采用反距离加权法和梯度距离反比法对甘肃气温和降水量进行了空间插值，并通过逐步迭代方法对气象要素的幂指数进行了筛选，证明幂指数为 2 时插值效果不一定最好。潘耀忠等（2004）基于气温与空间位置和海拔的相关性，提出了一种基于 DEM 和智能搜索距离的气温插值方法，发现考虑高程后插值精度提高了一倍以上。李军等（2006）对比了样条函数法、普通克里金法和反距离加权法在中国月平均气温中的结果，发现考虑海拔高

程影响后,其插值结果更为准确,并且在这三种方法中,普通克里金法的插值精度
最高。李庆祥等(2012)采用经验正交函数方法对中国近百年降水量进行了空间插
补,获得了百年尺度降水格点数据。吴佳和高学杰(2013)发展了一套高分辨率的
中国逐日观测资料,并与其他资料进行了对比。其余代表性气温格点数据还包括英
国 East Anglia 大学气候研究组气候研究组(Climatic Research Unit,CRU)高分
辨率(0.5°×0.5°)CRU TS 3.1 数据集(Harris et al.,2012)、Jones 全球气温数
据集(Jones et al.,2013)、中国均一化历史气温数据集(Li et al.,2009)和中国
地面气温月值 0.5°×0.5°格点数据集(Xu et al.,2009)等。

5.1 资料和方法

本章所用的资料包括:①英国气象局哈德莱中心(Hadley Center)和英国
East Anglia 大学气候研究中心合作制作的全球气温数据集 HadCRUT3,海洋部分
为 Hadley 中心研制,即 HadSST2,陆地部分为 CRU 研制,即 CRUTEM3(Jones
et al.,2012)。该数据集时间范围为 1850 年至今,空间分辨率为 5°×5°。②英国
气象局哈德莱中心气候研究组气温数据第三版(HadCRUT3)气温的不确定性资
料。该不确定性数据包括观测误差、均一性误差、标准值误差、计算误差、资料覆
盖误差和偏差误差。该数据集时空范围和空间分辨率与 HadCRUT3 数据相同。③
中国均一化逐日气温资料集(1961—2008)(Li et al.,2009)。④CRU TS3.21 逐
月气温数据。该数据集时间范围为 1901 年至今,空间分辨率为 0.5°×0.5°。⑤美
国国家航空航天局(National Aeronautics and Space Administration,NASA)戈
达德空间科学研究所(Goddard Institute for Space Studies,GISS)地表温度数据
集(NASA GISS Surface Temperature)(Hansen et al.,1999),该数据集时间范
围为 1880 年至今,空间分辨率为 5°×5°。⑥NOAA 的陆地—海洋表面温度数据
(NOAA Merged Land-Ocean Surface Temperature)(Vose et al.,2012),时间范
围为 1880 年至今,空间分辨率为 5°×5°。资料①~③用于中国近百年(1901~
2004)气温格点数据重建插值。资料④~⑥用于重建资料准确性的对比分析。

历史气温场格点重建的实质是时空插值,对于气象资料的空间插值,其方法可
分为几大类,如最近邻插值法、反距离权重插值法(Jonse et al.,1986)、克里金
插值法(Hudson et al.,1994;Cressie,1993)、薄板光滑样条插值法
(Hutchinson 1995;1998)和经验正交函数插值法(Smith et al.,1998)。最近邻
插值法是将离某个格点最近的气象台站观测值赋给该格点。由于该方法是将最近台
站的观测数据直接赋给网格点,当观测台站密度满足要求时,并不会产生太大的偏
差。但这种方法并不是最优插值,插值过程中并未进行最优组合。当气象台站分布
较为稀疏且气候变率较复杂时,这种方法会产生较大误差。反距离权重插值法假设
插值格点受较近台站的影响大于较远台站。插值时将已知的某个地点观测值通过权

重平均插值到临近格点上。权重大小根据该地区临近台站的距离来确定。通常反距离权重中的参数选择对插值结果有较大影响。参数过大，插值格点主要受较近的台站影响，导致结果不平滑。参数较小，更多受到较远距离台站数据的影响，插值结果相对平滑。克里金插值法采用包含自相关的统计模型。该方法包含以下步骤：计算已知台站数据的半方差图和空间结果；采用拟合模型将数据插值到网格点（Li et al.，2006）。与反距离权重插值法类似，克里金插值法也需要对插值格点和周边台站进行权重计算。反距离权重插值法中，权重只取决于气象台站与插值点的距离。在克里金插值法中，权重不仅取决于距离，还取决于插值参数的协方差特征（Conolly et al.，2006）。薄板光滑样条插值法最早由 Wahba（1979）提出。当采用双变量薄板光滑样条插值时，气象资料采用经纬度函数进行插值。当三变量薄板光滑样条插值时，引入了海拔高度，这时插值采用经纬度和高度函数进行插值。经验正交函数插值法（Empirical Orthogonal Function，EOF）是一种基于气象要素主要空间模态和时间变化的方法，主要用于提取气象要素场中相对重要的空间分布，可将大量数据简化为空间分布（EOFs）和对应的时间系数。Fukuoka（1951）最早将该方法应用于气象研究。Lorenz（1956）和 Kutzbach（1967）随后对 EOF 分析进行了详细解释和说明。20 世纪 70 年代之后，EOF 技术开始广泛应用于气候变化研究中。EOF 方法应用于数据插值是将气候数据扩展到有限的空间模态和时间系数上。

总体来说，研究者一般都认为对于空间数据的格点插值是不存在完美的最优插值法，对于不同的空间变量，在不同时空尺度所谓的"最优插值"是相对的。EOF 插值方法在气象资料时空插值方面已有较多应用，其基本思路为首先对后期观测密集时期的气象数据进行 EOF 分析，获得主要的 EOF 空间模态，然后将早期台站稀疏时期有缺测的历史观测数据投影到前 N 个主要的 EOF 空间载荷向量函数上获得主成分时间系数。最后将这些模态的空间载荷向量函数与对应的时间系数相乘得到气象要素距平场。Smith 等（1998；2004）较早将该方法应用于海表温度插值。Shen 等（2004）将 EOF 插值方法应用于太平洋海表温度资料的插值中。本章主要采用 EOF 插值方法，该方法简介如下。

（1）EOF 的定义

气象要素采用距平场可表达为

$$R(r, t) = T(r, t) - \mu(r) \tag{5.1}$$

其中 r 为格点空间位置，t 为时间。$T(r, t)$ 为气象要素在 (r, t) 处的值，$\mu(r)$ 为气象要素在 r 点的平均，其协方差函数可定义为，

$$C(r, r') = \big< R(r, t)R(r', t) \big> \tag{5.2}$$

式中 $<\cdot>$ 为样本平均。连续 EOF 函数 $\psi_m(r)$ 协方差函数的特征函数为

$$\int_\Omega C(r, r')\psi_m(r')\mathrm{d}r' = \lambda_m\psi_m(r) \tag{5.3}$$

式中 λ_m 为 $C(r, r')$ 的第 m 个特征值，Ω 为研究区域。

由于 EOF 函数具有正交性，因此具有如下特征，

$$\int_\Omega \psi_m(r)\psi_n(r)\mathrm{d}r = \delta_{mn} = \left\{ {1; \atop 0;} {m=n \atop m\neq n} \right. \tag{5.4}$$

$$\sum_{m=1}^\infty \psi_m(r)\psi_m(r') = \delta(r - r') \tag{5.5}$$

式中 δ_{mn} 为克罗内克算子。$\delta(x)$ 为狄拉克算子，狄拉克算子可定义为

$$\int_{-\infty}^\infty \delta(x - x_0)f(x)\mathrm{d}x = f(x_0) \tag{5.6}$$

从式（5.4）和式（5.5），协方差函数可扩展为

$$C(r, r') = \sum_{m=1}^\infty \lambda_m\psi_m(r)\psi_m(r') \tag{5.7}$$

气象台站数据在空间上是离散不连续的，对应的 EOF 函数也是离散不连续的。因此，需要对 EOF 函数离散化，其过程可表达为将任意距平场在格点 $r_{j=1,\cdots,J}$ 和时间 $t_{n=1,\cdots,Y}$ 的值用 R_{jn} 来表示。距平场可用矩阵形式表示：

$$R = \begin{pmatrix} R_{11} & R_{11} & \cdots & R_{1Y} \\ R_{21} & R_{22} & \cdots & R_{2Y} \\ \cdots & \cdots & \cdots & \cdots \\ R_{J1} & R_{J1} & \cdots & R_{JY} \end{pmatrix} \tag{5.8}$$

EOF 分析的目的在于找到一个线性组合能够最大程度解释方差，也即找到一

个向量 $\psi = (\psi(r_1), \cdots, \psi(r_j))'$，其时间序列 $R'\psi$ 具有最大变率。由于研究对象为距平场，因此时间序列 $R'\psi$ 的变化可表示为

$$Var(R'\psi) = \frac{1}{Y} \| R'\psi \|^2 = \frac{1}{Y}(R'\psi)'R'\psi = \psi' \frac{1}{Y}RR'\psi = \psi' C\psi \quad (5.9)$$

其中

$$C = \frac{1}{Y}RR' \quad (5.10)$$

为协方差矩阵。为使上述最大变化问题有界，问题则转化为

$$C = \frac{1}{Y}RR' \max_{\psi}(\psi'C\psi), \ s.t. \ \psi'\psi = 1 \quad (5.11)$$

求解上式可得到 EOF 的第一模态，也即最大特征值的特征向量。EOFs 则通过求解

$$C\psi = \lambda\psi \quad (5.12)$$

获得。由于协方差矩阵 C 为对称阵，因而为对角阵。第 m 个模态为协方差矩阵的第 m 个特征向量。由于协方差矩阵为半正定，因此所有的特征值非负。第 m 个特征值对应第 m 个特征向量，可用于计算解释方差。解释方差可表示为

$$\frac{\lambda_m}{\sum\limits_{n=1}^{J} \lambda_n} 100\% \quad (5.13)$$

（2）EOF 计算

EOF 分解时各纬度带格点面积存在很大差别，需首先对各纬度带格点进行权重计算。

（5.12）式可改写为

$$\sum_{j=1}^{J} C_{ij}\psi_m(r_j)A_j = \lambda_m\psi_m(r_i), \ i = 1, 2, \cdots, J; \ m = 1, 2, \cdots, J \quad (5.14)$$

式中

$$C_{ij} = C(r_i,\ r_j) = \frac{1}{y_2 - y_1 + 1} \sum_{t=y_1}^{y_2} R(r_i,\ t) R(r_j,\ t) \qquad (5.15)$$

为协方差矩阵。$R\ (r_i,\ t)$ 为气象要素格点 r_i 和时间 t 的距平。

$$A_j = R^2 \left(\frac{V\theta}{180}\pi \right) \left(\frac{V\varphi}{180}\pi \right) \cos\varphi_j \qquad (5.16)$$

为格点 j 的面积，$V\theta \times V\varphi$ 为格点空间分辨率，φ_j 为格点 j 中心的纬度，R 为地球半径，约等于 6376 km，J 为总格点数，y_1 和 y_2 为 EOF 分解的起始年份。

方程 (5.14) 可表达为以下对称式

$$\sum_{j=1}^{J} (\sqrt{A_i}\, C_{ij}\, \sqrt{A_j})(\psi_m(r_j)\, \sqrt{A_j}) = \lambda_m(\psi_m(r_i)\, \sqrt{A_i}),\ i=1,\ 2,\ \cdots,\ J$$

$$(5.17)$$

通过解下式

$$\sum_{j=1}^{J} \hat{C}_{ij} \upsilon_j^{(m)} = \lambda_m \upsilon_i^{(m)},\ i=1,\ 2,\ \cdots,\ J \qquad (5.18)$$

得到特征向量 λ_m 和面积权重特征向量

$$\hat{\upsilon}_i^{(m)} = (\upsilon_1^{(m)},\ \upsilon_2^{(m)},\ \cdots,\ \upsilon_j^{(m)})' \qquad (5.19)$$

其中，

$$\hat{C}_{ij} = \sqrt{A_i}\, C_{ij}\, \sqrt{A_j} \qquad (5.20)$$

为面积权重协方差矩阵，面积权重特征向量

$$\upsilon_j^{(m)} = \psi_m(r_j)\, \sqrt{A_j},\ j=1,\ 2,\ \cdots,\ J \qquad (5.21)$$

满足归一化条件

$$\sum_{j=1}^{J} (v_j^{(m)})^2 = 1 \tag{5.22}$$

进一步根据

$$\int_{\Omega} (\psi_m(r))^2 \, \mathrm{d}r \approx \sum_{j=1}^{J} (\psi_m(r_j))^2 A_j = \sum_{j=1}^{J} (\psi_m(r_j)\sqrt{A_j})^2 = \sum_{j=1}^{J} (v_j^{(m)})^2 = 1 \tag{5.23}$$

可得到特征值 λ_m 和连续 EOFs

$$\psi_m(r_j) = \frac{v_j^{(m)}}{\sqrt{A_j}}, \quad j = 1, 2, \cdots, J \tag{5.24}$$

　　台站观测资料的协方差矩阵并不是满秩矩阵。因此，EOF 的算法取决于观测资料长度 Y 和气象要素场的格点数 J。一般来说，资料长度 Y 远远少于格点数 J，因此，空间协方差函数为不满秩矩阵。这种情况下，通常通过计算时空变换间接得到空间 EOFs。

　　首先计算面积权重的 $Y \times Y$ 阵：

$$\hat{D} = \frac{1}{Y}(\sqrt{A}R)'(\sqrt{A}R) \tag{5.25}$$

其中

$$\sqrt{A}R = [\sqrt{A_j}R(r_j, t)]_{J \times Y^j} \quad j = 1, 2, \cdots, J \text{ 和 } t = y_1, \cdots, y_2 \tag{5.26}$$

解特征值问题

$$\sum_{k=1}^{Y} \hat{D}_{nk} u_k^{(m)} = \tilde{\lambda}_m u_n^{(m)}, \quad n = 1, 2, \cdots, Y \tag{5.27}$$

得到特征值 $\tilde{\lambda}_m$ 和特征向量 $\hat{u}_n^{(m)} = (u_1^{(m)}, u_2^{(m)}, \cdots, u_Y^{(m)})'$。

左乘 $\dfrac{\sqrt{A}\,R}{\sqrt{\tilde{\lambda}_m}\,\sqrt{Y}}$ 可得到以下关系：

$$\lambda_m = \tilde{\lambda}_m,$$

$$\hat{\upsilon}^{(m)} = \frac{\sqrt{A}\,R}{\sqrt{\tilde{\lambda}_m}\,\sqrt{Y}} u^{(m)},\ m=1,\ 2,\ \cdots,\ Y \tag{5.28}$$

其中，$\dfrac{\sqrt{A}\,R}{\sqrt{\tilde{\lambda}_m}\,\sqrt{Y}} u^{(m)}$ 满足归一化条件（5.22）式。

最终，可得到连续 EOFs 函数和对应特征值：

$$\lambda_m = \tilde{\lambda}_m$$

$$\psi_m(r_j) = \frac{\upsilon_j^{(m)}}{\sqrt{A_j}},\ j=1,\ 2,\ \cdots,\ J,\ m=1,\ 2,\ \cdots,\ Y \tag{5.29}$$

（3）EOF 插值

将气象要素距平场 R（r，t）投影到 m 个连续 EOFψ（r）上，即：

$$R_m(t) = \int_\Omega R(r,\ t)\psi_m(r)\mathrm{d}r \tag{5.30}$$

为第 m 个主成分（PC）或 EOF 系数。由 EOFs 的正交性和定义可知，EOF 系数（PCs）并不相关：

$$
\begin{aligned}
\langle R_m(t)R_n(t)\rangle &= \Big\langle \int_\Omega R(r,\ t)\psi_m(r)\mathrm{d}r \int_\Omega R(r',\ t)\psi_m(r')\mathrm{d}r' \Big\rangle \\
&= \int_\Omega\int_\Omega \langle R(r,\ t)R(r',\ t)\rangle \psi_m(r)\psi_m(r')\mathrm{d}r\,\mathrm{d}r' \\
&= \int_\Omega\int_\Omega C(r,\ r')\psi_m(r)\psi_n(r')\mathrm{d}r\,\mathrm{d}r' \\
&= \int_\Omega \lambda_m\psi_m(r')\psi_n(r')\mathrm{d}r' \\
&= \lambda_m\delta_{mn}
\end{aligned}
\tag{5.31}
$$

δ_{mn} 为克罗内克尔符号，当 $m=n$ 时，$\delta_{mn}=1$，否则 $\delta_{mn}=0$。λ_m 为第 m 个 EOF 对

应的特征值，$<\cdot>$ 代表时间平均。根据 EOFs 的完整性和正交特性可得到气象要素距平场的扩展形式：

$$R(r, t) = \sum_{1}^{\infty} R_m(t) \psi_m(r) \tag{5.32}$$

由于气象台站观测数据的不完整，因此，将积分形式的（5.30）式改写为

$$\hat{R}_m(t) = \sum_{1}^{N} \widetilde{R}(r_j, t) \psi_m(r_j) w_j^{(m)}(t) \tag{5.33}$$

式中 $\widetilde{R}(r_j, t)$ 为距离格点 j 最近的要素距平值，N 为格点数，$w_j^{(m)}(t)$ 为第 t 个月和第 m 个模态对应的每个格点的面积权重，并满足条件

$$\sum_{i=1}^{N} w_i^{(m)} = A \tag{5.34}$$

并且权重可由线性方程计算得到。A 为中国区域面积。Mc 为截断模态数。因此，气象要素场可通过下式得到：

$$\widetilde{R}(r_j, t) = \sum_{m=1}^{Mc} \hat{R}_m(t) \psi_m(r_j), \quad j = 1, 2, \cdots, J \tag{5.35}$$

（4）最优权重计算

为得到（5.32）式中最优权重，可将最小化插值数据和真实数据之间的总均方误差（total mean squared error，MSE）表达为

$$\begin{aligned}
E^2 &= \int_{\Omega} \left\langle (R(r, t) - \hat{R}(r, t))^2 \right\rangle \mathrm{d}r \\
&= \int_{\Omega} \left\langle \left(\sum_{m=1}^{\infty} R_m(t) \psi_m(r) - \sum_{m=1}^{Mc} \hat{R}_m(t) \psi_m(r) \right)^2 \right\rangle \mathrm{d}r \\
&= \int_{\Omega} \left\langle \left(\sum_{m=1}^{Mc} (R_m(t) - \hat{R}_m(t)) \psi_m(r) + \sum_{m=Mc+1}^{\infty} R_m(t) \psi_m(r) \right)^2 \right\rangle \mathrm{d}r \\
&= \left\langle \int_{\Omega} \left(\sum_{m=1}^{Mc} (R_m(t) - \hat{R}_m(t)) \psi_m(r) + \sum_{m=Mc+1}^{\infty} R_m(t) \psi_m(r) \right)^2 \mathrm{d}r \right\rangle
\end{aligned}$$

$$= \left\langle \left(\sum_{m=1}^{Mc} (R_m(t) - \hat{R}_m(t))^2 + \sum_{m=Mc+1}^{\infty} R_m^2(t) \right) \right\rangle$$

$$= \sum_{m=1}^{Mc} \left\langle (R_m(t) - \hat{R}_m(t))^2 \right\rangle + \sum_{m=Mc+1}^{\infty} \left\langle R_m^2(t) \right\rangle$$

$$= \sum_{m=1}^{Mc} \varepsilon_{(m)}^2 + \sum_{m=Mc+1}^{\infty} \left\langle R_m^2(t) \right\rangle \tag{5.36}$$

式中，

$$\varepsilon_{(m)}^2 = \left\langle (R_m(t) - \hat{R}_m(t))^2 \right\rangle \tag{5.37}$$

进一步可得

$$\left\langle R_m(t) \hat{R}_m(t) \right\rangle = \left\langle \int_{\Omega} R(r, t) \psi_m(r) dr \sum_{i=1}^{N} \hat{R}(r_i, t) \psi_m(r_i) w_i^{(m)} \right\rangle$$

$$= \left\langle \sum_{i=1}^{N} \int_{\Omega} R(r, t) \hat{R}(r_i, t) \psi_m(r) \psi_m(r_i) w_i^{(m)} dr \right\rangle$$

$$= \left\langle \sum_{i=1}^{N} \int_{\Omega} R(r, t) (R(r_i, t) + E_i) \psi_m(r) \psi_m(r_i) w_i^{(m)} dr \right\rangle$$

$$= \sum_{i=1}^{N} \int_{\Omega} \left(\left\langle R(r, t)(R(r_i, t) \right\rangle \left\langle R(r, t)E_i \right\rangle \right) \psi_m(r) \psi_m(r_i) w_i^{(m)} dr$$

$$= \sum_{i=1}^{N} \int_{\Omega} C(r, r_i) \psi_m(r) \psi_m(r_i) w_i^{(m)} dr$$

$$= \sum_{i=1}^{N} \int_{\Omega} \left(\sum_{n=1}^{\infty} \lambda_n \psi_n(r_i) \psi_n(r_i) \right) \psi_m(r) \psi_m(r_i) w_i^{(m)} dr$$

$$= \sum_{i=1}^{N} \sum_{n=1}^{\infty} \lambda_n \psi_n(r_i) \psi_m(r_i) w_i^{(m)} \int_{\Omega} \psi_m(r) \psi_n(r) dr$$

$$= \sum_{i=1}^{N} \sum_{n=1}^{\infty} \lambda_n \psi_n(r_i) \psi_m(r_i) w_i^{(m)} \delta_{mn} \tag{5.38}$$

和

$$\left\langle \hat{R}_m^2(t) \right\rangle = \left\langle \left(\sum_{j=1}^{N} \widetilde{R}(r_j, t) \psi_m(r_j) w_j^{(m)} \right)^2 \right\rangle$$

$$
= \left\langle \left(\sum_{j=1}^{N} (R(r_j, t) + E_j) \psi_m(r_j) w_j^{(m)} \right)^2 \right\rangle
$$

$$
= \left\langle \sum_{i=1}^{N} (R(r_i, t) + E_i) \psi_m(r_i) w_i^{(m)} \sum_{j=1}^{N} (R(r_j, t) + E_j) \right.
$$

$$
\left. \psi_m(r) w_j^{(m)} \right\rangle
$$

$$
= \sum_{i=1}^{N} \sum_{j=1}^{N} (\langle R(r_i, t) R(r_j, t) \rangle + \langle R(r_i, t) E_j \rangle +
$$

$$
\langle R(r_i, t) E_i \rangle + \langle E_i E_j \rangle) \psi_m(r_j) w_j^{(m)} \psi_m(r_i) w_i^{(m)}
$$

$$
= \sum_{i=1}^{N} \sum_{j=1}^{N} \langle R(r_i, t) R(r_j, t) \rangle \psi_m(r_j) w_j^{(m)} \psi_m(r_i) w_i^{(m)} +
$$

$$
\sum_{i=1}^{N} \langle E_i^2 \rangle (\psi_m(r_i) w_i^{(m)})^2
$$

$$
= \sum_{i=1}^{N} \sum_{j=1}^{N} C_{ij} \psi_m(r_i) \psi_m(r_j) w_j^{(m)} + \sum_{i=1}^{N} \langle E_i^2 \rangle (\psi_m(r_i) w_i^{(m)})^2
$$

$$
= \sum_{i=1}^{N} \sum_{j=1}^{N} \left(\sum_{n=1}^{\infty} \lambda_n \psi_n(r_j) \psi_n(r_j) \right) \psi_m(r_i) \psi_m(r_j) w_i^{(m)} w_j^{(m)} +
$$

$$
\sum_{i=1}^{N} \langle E_i^2 \rangle (\psi_m(r_i) w_i^{(m)})^2 \tag{5.39}
$$

式中 E_j 为格点 r_j 在 t 时刻的随机观测误差。在实际中我们不可能精确计算 E_j，但可对某些统计量，如误差方差进行估计。假设观测资料中的系统性误差已被剔除，因此误差 E_j 具有以下性质：

$$
\langle R(r, t) E_j \rangle = 0 \text{ 和} \langle E_i E_j \rangle = 0, \ \forall i \neq j \tag{5.40}
$$

合并式（5.38）和式（5.39）可得

$$
\varepsilon_{(m)}^2 = \langle (R_m(t) - \hat{R}_m(t))^2 \rangle
$$

$$
= \sum_{n=1}^{\infty} \lambda_n \delta_{mn} \delta_{mn} - 2 \sum_{i=1}^{N} \sum_{n=1}^{\infty} \lambda_n \psi_n(r_i) w_i^{(m)} \delta_{mn}
$$

$$
+ \sum_{i=1}^{N} \sum_{j=1}^{N} \left(\sum_{n=1}^{\infty} \lambda_n \psi_n(r_i) \psi_n(r_j) \right) \psi_m(r_i) \psi_m(r_j) w_i^{(m)} w_j^{(m)} +
$$

$$
\sum_{i=1}^{N} \langle E_i^2 \rangle (\psi_m(r_i) w_i^{(m)})^2
$$

$$\begin{aligned}
&= \sum_{n=1}^{\infty} \lambda_n \Big[\delta_{mn} \delta_{mn} - 2 \sum_{i=1}^{N} \psi_n(r_i) \psi_m(r_i) w_i^{(m)} \delta_{mn} + \sum_{i=1}^{N} \sum_{j=1}^{N} \psi_n(r_i) \psi_m(r_i) \\
&\quad w_i^{(m)} \psi_n(r_j) \psi_m(r_j) w_j^{(m)} \Big] + \sum_{i=1}^{N} \big< E_i^2 \big> (\psi_m(r_i) w_i^{(m)})^2 \\
&= \sum_{n=1}^{\infty} \lambda_n \Big[\delta_{mn} - \sum_{i=1}^{N} \psi_n(r_i) \psi_m(r_i) w_i^{(m)} \Big]^2 + \sum_{i=1}^{N} \big< E_i^2 \big> (\psi_m(r_i) w_i^{(m)})^2
\end{aligned}$$

$$\text{(5.41)}$$

合并式（5.31）和式（5.36）可得

$$E^2 = \sum_{m=1}^{Mc} \varepsilon_{(m)}^2 + \sum_{m=Mc+1}^{\infty} \lambda_m \qquad \text{(5.42)}$$

该式表示可通过最小化每一模态误差 $\varepsilon_{(m)}^2$ 来得到最小化的 E^2。

为最小化每一个（5.41）式条件下的 $\varepsilon_{(m)}^2$，可引入拉格朗日方程：

$$J_m = \varepsilon_{(m)}^2 + 2\Lambda_m \Big(\sum_{i=1}^{N} w_i^{(m)} - A \Big) \qquad \text{(5.43)}$$

式中 Λ_m 为拉格朗日算子。拉格朗日方程可导出：

$$\frac{\partial J_m}{\partial w_j^{(m)}} = 0 \text{ 和} \frac{\partial J_m}{\partial \Lambda_m} = 0 \qquad \text{(5.44)}$$

求偏导 $\dfrac{\partial J_m}{\partial w_j^{(m)}} = 0 \ (j=1, 2, \cdots, N)$ 可得

$$\frac{\partial \varepsilon_{(m)}^2}{\partial w_j^{(m)}} + \frac{\partial}{\partial w_j^{(m)}} \Big[2\Lambda_m \Big(\sum_{i=1}^{N} w_i^{(m)} - A \Big) \Big] = 0 \qquad \text{(5.45)}$$

展开可得

$$\begin{aligned}
&\frac{\partial}{\partial w_j^{(m)}} \Big\{ \sum_{n=1}^{\infty} \lambda_n \Big[\delta_{mn} - \sum_{i=1}^{N} \psi_n(r_i) \psi_m(r_i) w_i^{(m)} \Big]^2 + \\
&\sum_{i=1}^{N} \big< E_i^2 \big> (\psi_m(r_i) w_i^{(m)})^2 \Big\} + 2\Lambda_m
\end{aligned}$$

$$
\begin{aligned}
&= 2\sum_{n=1}^{\infty}\lambda_n\Big[\delta_{mn}-\sum_{i=1}^{N}\psi_n(r_i)\psi_m(r_i)w_i^{(m)}\Big]\big[-\psi_n(r_j)\psi_m(r_j)\big]+\\
&\quad 2\big\langle E_i^2\big\rangle\psi_m^2(r_j)w_j^{(m)}+2\Lambda_m\\
&= -\sum_{n=1}^{\infty}\lambda_n\Big[\delta_{mn}-\sum_{i=1}^{N}\psi_n(r_i)\psi_m(r_i)w_i^{(m)}\Big]\psi_n(r_j)\psi_m(r_j)+\\
&\quad \big\langle E_i^2\big\rangle\psi_m^2(r_j)w_j^{(m)}+\Lambda_m\\
&= -\lambda_m\psi_m^2(r_j)+\sum_{i=1}^{N}\Big(\sum_{n=1}^{\infty}\lambda_n\psi_n(r_i)\psi_n(r_j)\Big)\psi_m(r_i)\psi_m(r_j)w_i^{(m)}+\\
&\quad \big\langle E_i^2\big\rangle\psi_m^2(r_j)w_j^{(m)}+\Lambda_m\\
&= -\lambda_m\psi_m^2(r_j)+\sum_{i=1}^{N}C_{ij}\psi_m(r_i)\psi_m(r_j)w_i^{(m)}+\big\langle E_i^2\big\rangle\psi_m^2(r_j)w_j^{(m)}+\Lambda_m\\
&= 0
\end{aligned}
\tag{5.46}
$$

等于

$$
\sum_{i=1}^{N}C_{ij}\psi_m(r_i)\psi_m(r_j)w_i^{(m)}+[E_i^2]\psi_m^2(r_j)w_j^{(m)}+\Lambda_m\lambda_m\psi_m^2(r_j)
\tag{5.47}
$$

同样对 Λ_m 求偏导，$\dfrac{\partial J_m}{\partial \Lambda_m}=0$，可得，

$$
\sum_{i=1}^{N}w_i^{(m)}=A
\tag{5.48}
$$

式中 A 为研究区域面积。为计算最优权重，必须估计（5.41）式中的误差方差 $\big\langle E_i^2\big\rangle$，这里采用 HadCRUT3 气温的不确定性数据作为误差方差 $\big\langle E_i^2\big\rangle$。求解方程（5.47）和（5.48）即可得到（5.32）式中的最优权重。

5.2　重建结果

首先将近期（1960—2004 年）共计 45 年逐月中国均一化气温资料插值到 5°×5°分辨率格点上（图 5.1），代入 EOF 得到对应的 EOF 主要空间模态。然后将 1901—2004 年 HadCRUT3 气温误差数据代入最优权重计算。随后将 1901—2004 年 HadCRUT3 气温资料投影到前 10 个 EOF 空间载荷向量函数上，并获得主成分时间系数。最后将模态的空间载荷向量函数与对应的时间系数相乘得到 5°×5°分辨率的 1901—2004 年中国气温逐月距平资料。

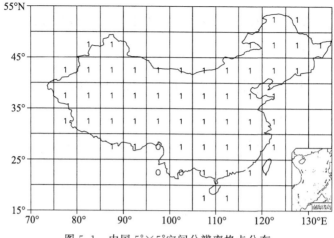

图 5.1 中国 5°×5°空间分辨率格点分布

1—12 月每个月都相应得到 45 个非零向量场。以 1 月为例，图 5.2 为 1 月 EOF 模态解释方差。如图所示，1 月第一、第二、第三和第四模态解释方差分别为 66%、8%、7% 和 4%。前四个模态解释方差共计 85%，而前十个模态解释方差达到 93%。其他各月也有类似结果。这表明选择前十个模态为截断模态进行 EOF 插值计算既能较好地反映气温变化的模态，同时也能避免将无用的噪音代入插值。

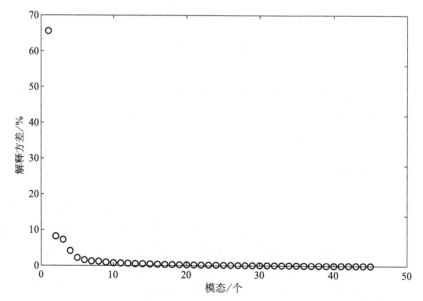

图 5.2 1 月气温 EOF 前 45 个模态解释方差

图 5.3 为 5°×5°空间分辨率我国年平均气温距平的空间分布图。其中，图 5.3a 为最暖年 1998 年我国年平均气温距平的空间分布。大范围的气温正距平分布于中国长江以北地区，其中内蒙古和东北地区气温距平值最大，可接近 2 ℃。中国西南地区为较弱的正距平分布，尤其是西藏西部正距平最小。2002 年（图 5.3b）的情况与 1998 年类似，主要高温区域分布在江淮流域以北地区，特别在新疆和内蒙古以及东北地区，气温距平可达 1.2 ℃以上，部分地区超过 1.6 ℃。2004 年（图 5.3c）主要高温区位于 35°N 以北，尤其是内蒙古东部形成了一个 1.4 ℃以上的高值区。华南和江南地区气温距平在 0.4～0.8 ℃之间。西南地区为主要的相对低温区，云南南部甚至存在负距平分布。青藏高原气温相对较高，距平可达 0.6 ℃以上。

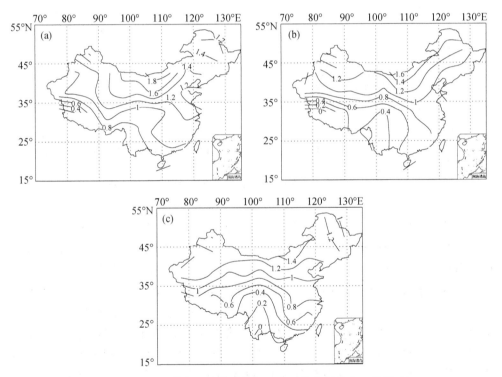

图 5.3　5°×5°分辨率中国年平均气温距平的空间分布（单位：℃）

(a) 1998 年，(b) 2002 年，(c) 2004 年

图 5.4 给出了根据 EOF 插值数据得到的 1901—2004 年我国年平均气温变化曲线，由图中可以得出以下结论。首先，我国近百年来年平均气温呈显著的上升趋势，1901—2004 年间气温上升了 0.79 ℃，增暖速率达到 0.08 ℃/10a，略高于

IPCC 给出的 20 世纪全球平均增温幅度。相关研究中根据不同长度资料计算的我国百年尺度增暖趋势大致在 0.5～1.0 ℃（屠其璞，1984；唐国利 等，1992；唐国利等，2005；闻新宇 等，2006；Zhao et al.，2005），本节得到的结果包含在这些序列的变化幅度中，但高于王绍武等（1990；1998；2000）给出的中国百年尺度上的增暖幅度。其次，20 世纪 20 年代之前和 50—60 年代气温偏低，尤其在前一阶段偏冷最为明显。20—40 年代存在一个增暖期，但增暖幅度明显低于 90 年代。80 年代中期之后增暖达到最大，并存在三个明显的峰值（1998 年、2002 年和 2004 年）。

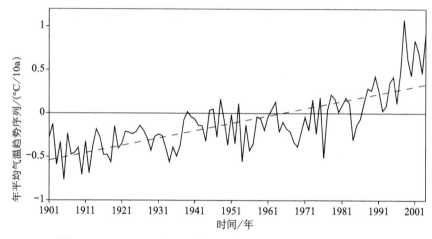

图 5.4　1901—2004 年中国年平均气温序列（虚线为线性趋势）

各季节平均的全国平均气温距平序列（图 5.5）均呈升温趋势，但升温幅度存在一定差异。冬季增暖速率最大，达到 0.14 ℃/10a，春季次之，为 0.11 ℃/10a，秋季为 0.07 ℃/10a，夏季最小，仅为 0.04 ℃/10a（表 5.1）。从各年代气温距平来看，各个季节在 20 世纪 80 年代之前均为负距平，尤其 20 世纪 10 年代—20 年代负距平达到最大。20 世纪 70 年代之后气温距平由负转正，气温正距平在 21 世纪初达到最大。此外，20 世纪 20 年代到 40 年代的增暖期和 90 年代的增暖期的季节贡献并不一致。前者增暖主要由夏季增暖所致，而后者主要表现为冬季增暖。由此可以看出，尽管近百年来导致气温偏高和偏低时段出现的原因不尽相同，但年平均气温距平的高低变化与各季节的变化基本一致，总体趋势都是偏暖年份越来越多，偏冷年份越来越少。

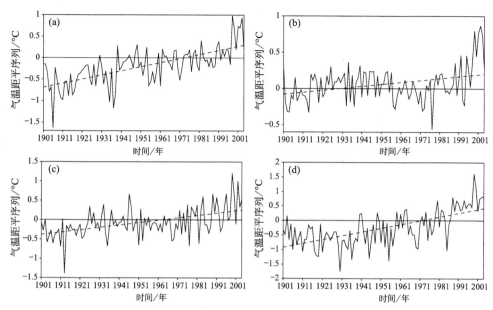

图 5.5　1901—2004 年中国各季节平均气温距平序列（a）春季、（b）夏季、（c）秋季、
（d）冬季（虚线为线性趋势）

表 5.1　1901—2004 年十年平均气温距平值和近百年气温变化线性趋势

时间	气温距平/℃											线性趋势/℃/10a
	1901—1910	1911—1920	1921—1930	1931—1940	1941—1950	1951—1960	1961—1970	1971—1980	1981—1990	1991—2000	2001—2004	
冬季	−0.53	−0.67	−0.69	−0.59	−0.48	−0.37	−0.31	−0.05	0.20	0.66	0.81	0.14
春季	−0.63	−0.63	−0.30	−0.50	−0.05	−0.27	−0.08	−0.06	−0.03	0.26	0.47	0.11
夏季	−0.13	−0.01	0.10	−0.05	0.11	−0.01	−0.03	−0.05	0.06	0.32	0.52	0.04
秋季	−0.38	−0.32	−0.14	−0.08	−0.04	−0.11	−0.19	0.05	0.10	0.26	0.52	0.07

5.3　重建结果精度分析

　　为评估近百年我国气温格点重建资料的准确性，进行了三组检验。首先采用交叉检验评估 EOF 模态的稳定性以确定根据近期观测密集时期资料获得的 EOF 模态是否能较好地用于前期观测稀疏时期气温资料的插值。由于 EOF 资料插值的时段为 1901—2004 年，而插值过程是基于近期（1960—2004 年）气温资料得到的 EOF 空间模态，因此这种 EOF 模态稳定性的交叉检验是非常必要的。交叉检验过程如

下：每一次交叉检验中首先从用于产生 EOF 空间模态的 1960—2004 年共计 45 年的资料中剔除连续四年的资料。然后将剩余 41 年的气温资料用于获得交叉验证的 EOF 空间模态。再将这些空间模态用于近百年气温资料插值计算中。该过程重复 11 次以覆盖整个 45 年。最后把交叉检验中 EOF 插值资料与原数据进行对比分析用以检验插值数据的稳定性和准确性。以 2 月为例，表 5.2 为给出了 11 次 EOF 模态交叉检验插值资料与 EOF 模态资料的相关系数结果。11 次 EOF 模态交叉检验插值资料与原 EOF 模态资料相关系数都在 0.95 以上，远超过 0.01 的置信水平。其他各月也有类似结果。这些结果表明我们用于 EOF 插值的 EOF 模态是稳定的，能够用于百年尺度资料插值中。

表 5.2　11 次交叉检验插值资料与 EOF 模态资料相关系数

交叉检验次数	相关系数
1（剔除 1960—1963 年）	0.97
2（剔除 1964—1967 年）	0.96
3（剔除 1968—1971 年）	0.98
4（剔除 1972—1975 年）	0.97
5（剔除 1966—1979 年）	0.95
6（剔除 1980—1983 年）	0.96
7（剔除 1984—1987 年）	0.99
8（剔除 1988—1991 年）	0.97
9（剔除 1992—1995 年）	0.98
10（剔除 1996—1999 年）	0.98
11（剔除 2000—2003 年）	0.97

其次进行了历史观测资料的交叉检验。第二组交叉检验用以验证插值资料精确度对历史观测数据的依赖程度。由图 5.1 可知，将用于 EOF 资料插值的 Had-CRUT3 格点资料随机分成 20 份，在插值过程中任意剔除 10% 的格点数据，只使用余下 90% 的格点数据进行 EOF 插值，可得到随机剔除的 10% 网格的气象序列，并将 10% 格点的气温估计序列与格点的实际观测序列进行对比，二者之差就是这些格点的插值误差。该步骤重复 10 次，可以得到全部网格在交叉检验下的插值误差。

实际研究中通常采用相关系数、平均偏差、平均绝对误差和均方根误差等统计量来评估交叉检验中的误差。各统计量中相关系数主要考虑两序列变化的一致性和同步性，可代表插值序列对实际观测序列的替代能力。平均偏差反映了插值估计序列与观测序列之间偏差的平均情况，一般情况下平均偏差约应接近于 0 越好。平均绝对误差将正偏差和负偏差统一考虑为误差。均方根误差反映了插值序列与观测系列方差的平均情况。以 X_1 和 X_2 分别代表某格点观测序列和交叉检验估计序列，N 为交叉检验计算中的观测次数。各统计量计算公式如下：

相关系数：

$$COR = \frac{\sum_{t=1}^{N}\left[X_1(t) - \overline{X}_1(t)\right] \sum_{t=1}^{N}\left[X_2(t) - \overline{X}_2(t)\right]}{\sqrt{\sum_{t=1}^{N}\left[X_1(t) - \overline{X}_1(t)\right]^2} \sqrt{\sum_{t=1}^{N}\left[X_2(t) - \overline{X}_2(t)\right]^2}} \qquad (5.49)$$

平均偏差：

$$MBE = \frac{1}{N}\sum_{t=1}^{N}\left[X_2(t) - X_1(t)\right] \qquad (5.50)$$

平均绝对误差：

$$MAE = \frac{1}{N}\sum_{t=1}^{N}\left|X_2(t) - X_1(t)\right| \qquad (5.51)$$

均方根误差：

$$RMSE = \sqrt{\frac{1}{N}\sum_{t=1}^{N}\left[X_2(t) - X_1(t)\right]^2} \qquad (5.52)$$

将 10 次交叉检验统计量进行平均得到表 5.3。由表可见，相关系数最大为 0.93，最小为 0.81，表明交叉插值得到的格点数据与实际观测数据之间存在较好的相关性。交叉检验得到的绝大多数平均偏差较小且为负值，表明通过插值得到的网格资料比格点实际观测资料接近，但略偏小。插值资料的均方根误差一般小于 1.5℃。因此，利用 EOF 方法插值得到的格点数据是忠实于原始数据集的。

表 5.3　交叉检验统计量

交叉检验次数	相关系数	平均偏差/℃	平均绝对误差/℃	均方根误差/℃
1	0.93	−0.04	1.06	1.39
2	0.81	−0.10	1.38	1.47
3	0.82	−0.04	1.54	1.57
4	0.83	0.13	0.75	1.51
5	0.86	−0.15	1.04	1.26
6	0.90	−0.01	0.88	1.15
7	0.88	−0.08	1.26	1.46
8	0.91	0.02	0.73	1.08
9	0.84	−0.05	1.07	1.14
10	0.84	−0.15	1.32	1.42

　　此外，进一步与其他资料进行了对比。目前国际上主要的百年尺度格点气温数据集包括：NASA GISS Surface Temperature（简写为 GISS）、NOAA Merged Land-Ocean Surface Temperature（简写为 NOAA）和 CRU TS3.21（简写为 CRU）。这里选取以上三种资料与我们通过 EOF 插值得到的 1901—2004 年格点资料进行对比分析。GISS、NOAA 空间分辨率均为 5°×5°，而 CRU TS 3.21 空间分辨率为 0.5°×0.5°，为计算简便，采用简单的区域平均将 CRU TS 3.21 分辨率转化为 5°×5°。图 5.6 分别给出了 EOF 与三种资料年平均气温的全国平均序列。由图可见，4 条序列具有较高的相关性，一致反映了近百年中国气温持续上升的事实。4 条气温距平序列在 20 世纪初期略有降温，随后为一短暂的升温过程。20 年代到 30 年代中期主要为降温过程。80 年代开始迅速升温，并在 1998 年气温达到了最高值，2002 年为第二极端高值，2004 年为第三极端高值。由此看来，这章采用 EOF 插值方法得到的 1901—2004 年格点气温数据集是比较合理可信的。这章得到的格点数据与 CRU 和 GISS 资料较为一致，而 NOAA 资料则明显低于这三种资料。

　　图 5.7 给出了根据 EOF 与三种资料计算的中国季节平均气温序列。与年平均气温类似，4 条序列都存在较好的相关性（表 5.4）。春季气温在 20 世纪前十年基本为降温趋势，从 20 年代开始直到 40 年代中期都为增暖过程，50 年代到 70 年代末无明显升温或降温趋势，主要表现为明显的年际变化，进入 80 年代后中国春季气温显著升高。夏季气温在 20 世纪 40 年代中期之前一直持续上升，随后气温下降直到 60 年代末期，70 年代开始升温明显。秋季气温变化与夏季相似，都表现为

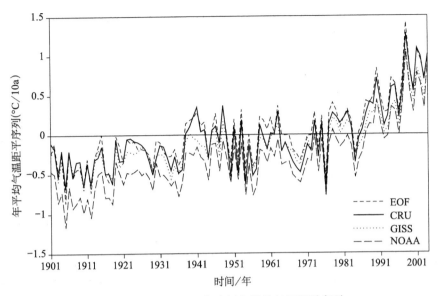

图 5.6　1901—2004 年中国年平均气温距平序列

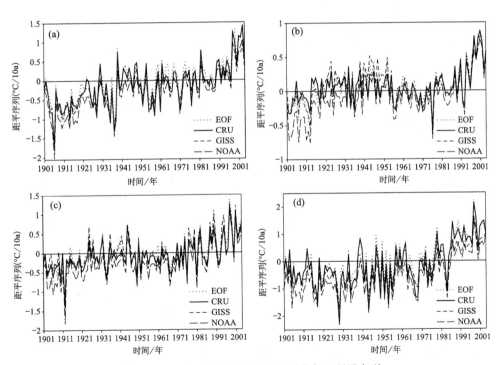

图 5.7　1901—2004 年中国季节平均气温距平序列

（a）春季，（b）夏季，（c）秋季，（d）冬季

"冷—暖—冷—暖"的波动过程。冬季气温在 20 世纪 20 年代末期之前为降温过程，随后为明显的年际波动过程，60 年代中期开始持续升温。总体来看，在百年尺度上，各季节气温都存在较明显的升温过程。

表 5.4　EOF 重建资料与其他三种资料间的相关系数

资料	年平均	春季	夏季	秋季	冬季
CRU	0.97	0.97	0.90	0.96	0.96
GISS	0.97	0.95	0.91	0.96	0.96
NOAA	0.98	0.97	0.89	0.97	0.97

在此基础上，进一步计算 1901—2004 年年平均和季节平均的气温线性趋势以反映 4 种资料之间的差异（表 5.5）。结果表明：EOF 插值资料与其他三种资料的线性趋势基本一致，但也存在一定差异。年平均气温的线性趋势上，CRU 与 EOF 序列的结果相同，均为 0.09 ℃/10a，但略小于 NOAA 和 GISS 序列的升温速率。就各季节升温速率而言，四种序列都是冬季升温速率最大，春季次之，秋季再次之，夏季最小。进一步分析还可发现，春季 EOF 序列的升温速率与 CRU 序列一致，为 0.11 ℃/10a，NOAA 序列的升温速率为 0.12 ℃/10a，这与 GISS 序列的结果相同。夏季 EOF 序列与 NOAA 序列的线性趋势结果一致，都为 0.04 ℃/10a，CRU 和 GISS 的升温速率分别为 0.03 ℃/10a 和 0.06 ℃/10a。秋季 CRU 序列升温速率最小，EOF 次之，GISS 最大。冬季 EOF 升温速率比其他三种资料略小，升温速率最大的是 NOAA 资料。由此可见，尽管四种资料线性趋势存在一定差异，但升温幅度基本一致。

表 5.5　4 种资料 1901—2004 年年平均和季节平均气温距平线性趋势（℃/10a）

资料	年平均	春季	夏季	秋季	冬季
EOF	0.09	0.11	0.04	0.07	0.14
CRU	0.09	0.11	0.03	0.06	0.15
NOAA	0.10	0.12	0.04	0.08	0.16
GISS	0.11	0.12	0.06	0.09	0.15

5.4　数据误差不确定性对重建的影响

根据方程（5.34），计算最优权重时需要误差方差 $<E_j^2>$，而在 EOF 资料插值中，在每一格点插值计算中都引入了该格点 r_j 在时间 t 的随机误差 E_j。那么误差 E_j 的大小是否会对插值结果产生影响？根据 Dai（2010）的研究，方程（5.34）和（5.35）为线性系统，可转化为以下形式

$$A_m X_m = b_m \qquad (5.53)$$

其中，$m = 1, 2, \cdots, M_c$ 为模态数。

$$A_m = \begin{bmatrix} (C_{11} + <E_1^2>)\psi_m^2(r_1) & \cdots & (C_{N1} + <E_N{}^2>)\psi_m^2(r_1) & 1 \\ \cdots & \cdots & \cdots & \cdots \\ C_{1N}\psi_m(r_1)\psi_m(r_N) & \cdots & (C_{NN} + <E_N{}^2>)\psi_m^2(r_N) & 1 \\ 1 & 1 & 1 & 0 \end{bmatrix}$$

$$(5.54)$$

为对称阵。$X_m = [w_1^{(m)}, \cdots, w_N^{(m)}, \Lambda]'$，$b_m = [\lambda_m \psi_m^2(r_1), \cdots, \lambda_m \psi_m^2(r_N), \Lambda]'$ 表示向量转置，A 为中国区域面积。

首先检验最优权重对有无随机误差 E_j 的敏感性。以 12 月为例，在式（5.34）和式（5.35）计算最优权重时把误差方差剔除，也即方程（5.54）中的误差方差 $E_j^2 = 0$。然后令 $m = 1$，那么矩阵 A_m 的条件数，$k(A_m) = \|A_m\| \|A_m^{-1}\|$ 为很大，并且其行列式接近于零，也即当我们将随机观测误差 E_j 剔除后，用以计算最优权重的线性系统方程（5.53）是病态方程。因此，最优权重对系数矩阵 A_m 的值很敏感。当对系数矩阵 A_m 稍作改变。当假设 $<E_j^2> = 0.01$，那么最优权重会产生很大的变化：令 X_m 为线性方程组 $A_m X_m = b_m$ 的解，并将系数矩阵 A_m 变为 $A_m + \Delta A_m$，同时方程的解 X_m 也变为 $X_m + \Delta X_m$。Meyer（2000）指出当 A_m 发生一定变化 ΔA_m 时，X_m 的相对变化与 A_m 的相对变化存在以下关系：

$$\frac{\|\Delta X_m\|}{\|X_m\|} \leqslant k(A_m) \frac{\|\Delta A_m\|}{\|A_m\|} \qquad (5.55)$$

因此，当线性方差组（5.53）为病态方程时，最优权重对系数矩阵 A_m 的变化相对敏感。当我们将误差方差 $<E_j^2>$ 由小变大，如 0.1 或 1 时，线性方程组（5.53）变为良态方程组，其最优权重对对系数矩阵 A_m 的变化不敏感，也就是对误差方差 $<E_j^2>$ 的值不敏感。然而，将误差方差 $<E_j^2>$ 的值无限放大，那么式（5.53）则变为以下形式：

$$\begin{bmatrix} \infty & \cdots & 0 & 0 \\ \cdots & \cdots & \cdots & \cdots \\ 0 & \cdots & \infty & 0 \\ 0 & 0 & 0 & 0 \end{bmatrix} \begin{bmatrix} x_1 \\ \cdots \\ x_{n-1} \\ x_n \end{bmatrix} = \begin{bmatrix} 0 \\ \cdots \\ \cdots \\ \cdots \end{bmatrix} \tag{5.56}$$

其方程解也变为零。图 5.8 给出了 12 月气温距平曲线随误差方差 $\left< E_j^2 \right>$ 变化情况。当误差方差 $\left< E_j^2 \right>$ =0.1、实际值或 1 时，对应的气温距平曲线变化很小，三条序列几乎完全相同。当误差方差 $\left< E_j^2 \right>$ =10，对应的气温距平减小 50% 左右。当误差方差非常大，即 $\left< E_j^2 \right> = e^{10}$ 时，气象距平变为零。这些结果与上文分析一致。

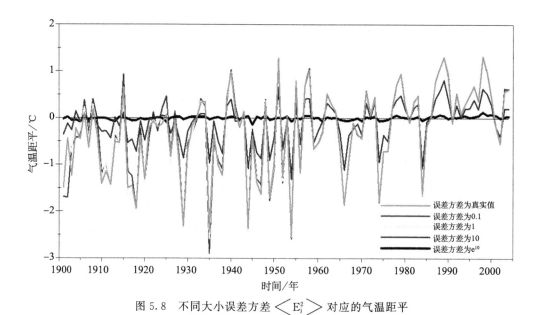

图 5.8　不同大小误差方差 $\left< E_j^2 \right>$ 对应的气温距平

参考文献

杜予罡，唐国利，王元，2012. 近 100 年中国地表平均气温变化的误差分析 [J]. 高原气象，31 (2)：456－462.

封志明，杨艳昭，丁晓强，2004. 气象要素空间插值方法优化 [J]. 地理研究，23 (3)：357－364.

李娇，任国玉，任玉玉，等，2014. 资料均一化对沈阳站气温趋势和城市化偏差分析的影响 [J]. 大气科学学报，37 (3)：297－303.

贾朋群，1999. 近百年中国降水的测站资料和格点化资料对比 [J]. 应用气象学报，10：181－189.

李军，游松财，黄敬峰，2006. 中国 1961－2000 年月平均气温空间插值方法与空间分布 [J]. 生态环境，15 (1)：109－114.

李庆祥，彭嘉栋，沈艳，2012.1900－2009 年中国均一化逐月降水数据集研制 [J]. 地理学报，67 (3)：301－331.

潘耀忠，龚道溢，邓磊，等.2004. 基于 DEM 的中国陆地多年平均温度插值方法 [J]. 地理学报，59 (3)：366－374.

任国玉，初子莹，周雅清，等.2005. 中国气温变化研究最新进展 [J]. 气候与环境研究，10 (4)：701－716.

唐国利，林学椿，1992.1921－1990 年我国气温序列及变化趋势 [J]. 气象，18：3－6.

唐国利，任国玉，2005. 近百年中国地表气温变化趋势的再分析 [J]. 气候与环境研究，10 (4)：791－798.

屠其璞，1984. 近百年来我国气温变化的趋势和周期 [J]. 南京气象学院学报，2：151－162.

王绍武，1990. 近百年来我国气温变化的趋势和周期 [J]. 气象，16 (2)：11－15.

王绍武，叶瑾琳，龚道溢，1998. 近百年中国气温序列的建立 [J]. 应用气象学报，9：392－401.

王绍武，龚道溢，叶瑾琳，等，2000.1880 年以来中国东部四季降水量序列及其变率 [J]. 地理学报，55：281－293.

闻新宇，王绍武，朱锦红，等，2006. 英国 CRU 高分辨率格点资料揭示的 20 世纪中国气候变化 [J]. 大气科学，30 (5)：894－904.

吴佳，高学杰，2013. 一套格点化的中国区域逐日观测资料及与其他资料的对比 [J]. 地球物理学报，56 (4)：1102－1111.

Ashraf M, Loftis J C, Hubbard K G, 1997. Application of geostatistics to evaluate partial weather station networks [J]. Agr. Forest. Meteorol, 84 (3-4)：255-271.

Barnett T P, Hegerl G, Knutson T, et al, 2000：Uncertainty levels in predicted patterns of anthropogenic climate change [J]. J. Geophys. Res, 105 (15)：525－5542.

Brohan P, Kennedy J J, Harris I, et al. , 2006. Uncertainty estimates in regional and global observed temperature changes：A new data set from 1850 [J]. J. Geophys. Res. , 111, D12106.

Chen L X, Zhu W Q, 1998. Study on climate change of China over the past 45 years [J]. Acta Meteor. Sin, 56: 257-271.

Chen M Y, Xie P, Janowiak J E, et al. , 2002. Global land precipitation: A 50-yr monthly analysis based on gauge observations [J]. J. Hydrometeor, 3: 249-266.

Chu Z Y, Ren G Y, 2005. Effect of enhanced urban heat island magnitude on average surface air temperature series in Bijing region [J]. Acta Meteor. Sin, 63: 534-540.

Conolly J, Lake M, 2006. Geographical Information Systems in Archaeology [M]. Cambridge University Press.

Cressie N, 1993. Statistics for spatial data [M]. John Wiley and Sons.

Dai Q F, 2010. Iterative interpolation of daily precipitation data over Alberta [D] . Univ. of Alberta, Edmonton, 1-174.

Ding Y H, Dai X S, 1994. Temperature change during the recent 100 years over China. Meteor. Mon, 20 (12): 19-26.

Eliassen A, Sawyer J S, Smagorinsky J, 1954. Upper air network requirements for numerical weather prediction. Thchnical Note No 29. World Meteorological Organization, Geneva.

Folland C K, Parker D E, 1995. Correction of instrumental biases in historical sea surface temperature data [J]. Q. J. R. Meteorol. Soc, 121: 319-367.

Folland C K, Rayner N A, Brown S J, 2001. Global temperature change and its uncertainties since 1861 [J]. Geophys. Res. Lett, 28 (13): 2621-2624.

Fukuoka A, 1951. A study of 10-day forecast (a synthetic report) [J] . Geophys. Mag. , 22: 177-208.

Guttorp P, Kim T Y, 2013. Uncertainty in Ranking the Hottest Years of U. S. Surface Temperatures [J]. J. Climate, 26 (17): 6323-6328.

Hansen J E, Ruedy R, Glascoe J, et al. , 1999. GISS analysis of surface temperature change [J]. J. Geophys. Res, 104: 30997-31022.

Harris I, Jones P D, Osborn T J, et al. , 2013. Updated high-resolution grids of monthly climatic observations [J]. Int. J. Climatol, 34 (3): 623-642.

Hollander M, Wolfe D A, Chicken E, 1973. Nonparametric statistical methods [M]. John Wiley and Sons.

Hua W, Shen S S P, Wang H J, 2014. Analysis of sampling error uncertainties and trends in maximum and minimum temperatures in China [J]. Adv. Atmos. Sci, 31 (2): 263-272.

Hua W, Shen S S P, Weithmann A, et al. , 2017. Estimation of sampling error uncertainties in observed surface air temperature change in China [J]. Theor. Appl. Climatol, 129: 1133-1144.

Hudson G, Wackernagel H, 1994. Mapping temperature using kriging with external drift: Theory and example from Scotland [J]. Int. J. Climatol, 14: 77-91.

Hutchinson M F, 1995. Interpolating mean rainfall using thin plate smoothing splines. International [J]. J. GIS, 9: 385-403.

Hutchinson M F，1998a. Interpolation of rainfall data with thin plate smoothing splines. Part I: Two-dimensional smoothing of data with short range correlation [J]. J. Geogr. Inf. Decis. Anal，2：152-167.

Hutchinson M F，1998b. Interpolation of rainfall data with thin plate smoothing splines. Part II: Analysis of topographic dependence [J]. J. Geogr. Inf. Decis. Anal，2：168-185.

Intergovernmental Panel on Climate Change（IPCC），2001. Climate Change 2001：The Scientific Basis. Technical Summary of the Working Group I Report [R]. Cambridge Univ. Press，New York.

Intergovernmental Panel on Climate Change（IPCC），2007. Climate Change 2007：The Physical Science Basis [R]，Cambridge Univ. Press，Cambridge，U. K. +.

Jones P D，Lister D H，Osborn T J，et al.，2012. Hemispheric and large-scale land-surface air temperature variations：An extensive revision and an update to 2010 [J]. J. Geophys. Res，117 (D5)：1-29.

Jones P D，New M，Parker D E，et al.，1999. Surface air temperature and its variations over the last 150 years [J]. Rev. Geophys，37：173-199.

Jones P D，Osborn T J，Briffa K R，1997. Estimating sampling errors in large-scale temperature averages [J]. J. Climate，10：2548-2568.

Jones P D，Raper S C B，Bradley R S，et al.，1986. Northern hemisphere surface air temperature variations (1851-1984) [J]. J. Climate. Appl. Meteor，25：161-179.

Jones P D，ListerD H，Li Q，2008. Urbanization effects in large-scale temperature records，with an emphasis on China. [J] . J. Geophys. Res.，113，D16122.

Karl T R，Knight R W，John R C，1994. Global and hermispheric temperature trends：uncertainties related to inadequate spatial sampling [J]. J. Climate，7：1144-1163.

Kutzbach J E，1967. Empirical eigenvectors of sea-level pressure，surface temperature and precipitation complexes over North America [J]. J. Appl. Met，6：791-801.

Li B G，Cao J，Liu W X，et al.，2006. Geostatistical analysis and kriging of hydrochlorofluorocarbon residues in topsoil from Tianjin，China [J]. Environ. Pollut，142：567-575.

Li Q X，Dong W J，Li W，et al.，2010. Assessment of the uncertainties in temperature change in China during the last century [J]. Chin. Sci. Bull，55 (19)：1974-1982.

Li Q X，Zhang H Z，Chen J，et al.，2009. A mainland China homogenized historical temperature dataset of 1951-2004 [J]. Bull. Amer. Meteor. Soc，8：1062-1065.

Li Q X，Zhang H，Liu X，et al.，2004. UHI effect on annual mean temperature during recent 50 years in China [J]. Theor. Appl. Climatol，78：156-165.

Li Z，Yan Z W，2009. Homogenized daily mean/maximum/minimum temperature series for China from 1960-2008 [J]. Atmos. Oceanic Sci. Lett，2 (4)：237-243.

Lorenz E N，1956. Empirical orthogonal functions and statistical weather prediction [M]. Sci. Rept. No. 1，Statistical Forecasting Project，Mass. Inst. Tech.，Dept. of Meteorology，Cambridge.

Mann M E, Gille E, Bradley R S, et al., 2000. Global temperature patterns in past centuries: An interactive presentation [J]. Earth Interact, 4: 1-29.

Meyer C D, 2000. Matrix analysis and applied linear algebra. SIAM, Philadelphia, PA.

Nalder I A, Wein R W, 1998. Spatial interpolation of climatic normals: test of a new method in the Canadian boreal forest [J]. Agr. Forest. Meteorol, 92 (4): 211-225.

Parker D E, 1994. Effects of changing exposure of thermometers at land stations [J]. Int. J. Climatol, 14: 1-31.

Parker D E, Horton B, 2005. Uncertainties in central England temperature 1873-2003 and some improvements to the maximum and minimum series [J]. Int. J. Climatol, 25: 1173-1181.

Peterson T C, Karl T R, Jamason P F, et al., 1998a. First difference method: Maximum station density for the calculation of long-term global temperature change [J]. J. Geophy. Res, 103: 25967-25974.

Peterson T C, Vose R, Schmoyer R, et al., 1998b. Global historical climatology network (GHCN) quality control of monthly temperature data [J]. Int. J. Climatol, 18: 1169-1179.

Rayner N A, Brohan P D, Parker E C, et al., 2006. Improved analyses of changes and uncertainties in sea surface temperature measured in situ since the mid-nineteenth century: The HadSST2 dataset [J]. J. Climate, 19: 446-469.

Ren G Y, Guo J, Xu M, et al., 2005. Climate changes of mainland China over the past half century [J]. Acta Meteor. Sin., 63: 942-956.

Ren G Y, Zhou Y Q, Chu Z Y, et al., 2008. Urbanization effects on observed surface air temperature trends in north China [J]. J. Climate, 21: 1333-1348.

Shen S S P, Basist A N, Li G L, et al., 2004. Prediction of sea surface temperature from the Global Historical Climatology Network data [J]. Environmetrics, 15: 233-249.

Shen S S P, Dzikowski P, Li G L, et al., 2001. Interpolation of 1961-97 daily temperature and precipitation data onto Alberta polygons of ecodistrict and soil landscapes of Canada [J]. J. Appl. Mete, 40: 2162-2177.

Shen S S P, Lee C K, Lawrimore J, 2012. Uncertainties, trends, and hottest and coldest years of US surface air temperature since 1895: an update based on the USHCN V2 data [J]. J. Climate, 25: 4185-4203.

Shen S S P, Smith T M, Ropelewski C F, et al., 1998. An optimal regional averaging method with error estimates and a test using tropical Pacific SST data [J]. J. Climate, 11: 2340-2350.

Shen S S P, Yin H, Smith T M, 2007. An estimate of the sampling error variance of the gridded GHCN monthly surface air temperature data [J]. J. Climate, 20: 2321-2331.

Shi N, Chen J Q, Tu Q P, 1995. Decadal variation of climate during the past 100 years over China [J]. Acta Meteor. Sin, 53: 431-439.

Smith T M, Livezey R E, Shen S S P, 1998. An improved method for interpolating sparse and irregularly distributed data onto a regular grid [J]. J. Climate, 11: 2340-2350.

Smith T M, Reynolds R W, 2004. Improved extended reconstruction of SST (1854-1997) [J]. J. Climate, 17: 2466-2477.

Smith T M, Reynolds R W, Ropelewski C F, 1994. Optimal averaging of seasonal sea surface temperatures and associated confidence interval (1860-1989) [J]. J. Climate, 7: 949-964.

Vose R S, Arndt D, Banzon V F, et al., 2012. NOAA's merged land-ocean surface temperature analysis [J]. Bull. Amer. Meteor. Soc, 93: 1677-1685.

Wackerly D D, Mendenhall W, Scheaffer R L, 2002. Mathematical Statistics with Applications [M]. 6th ed. Duxbury.

Wahba G, 1979. How to smooth curves and surfaces with splines and cross validation. 24th Conference on the Design of Experiments [J]. U. S. Army Research Office, 167-192.

Wang S W, Ye J L, Gong D Y, 1998. Construction of annual mean temperature series of the last 100 years over China [J]. J. Appl. Meteor. Sci, 9: 392-401.

Wang X C, Shen S S P, 1999. Estimation of spatial degrees of freedom of a climate field [J]. J. Climate, 12: 1280-1291.

Xie P, Chen M Y, Yang S, et al., 2007. A gauge-based analysis of daily precipitation over East Asia [J]. J. Hydrometeor, 8: 607-626.

Xu Y, Gao X J, Shen Y, et al., 2009. Daily temperature dataset over China and its application in validating a RCM simulation [J]. Adv. Atmos. Sci, 26 (4): 763-772.

Yan Z W, Li Z, Li Q X, et al, 2010. Effects of site change and urbanisation in the Beijing temperature series 1977-2006 [J]. Int. J. Climatol, 30 (8): 1226-1234.

Zhai P M, Ren F M, 1999. On changes of China's maximum and minimum temperature in 1951-1990 [J]. Acta Meteor. Sin, 13: 279-290.

Zhao Z, Ding Y H, Luo Y, et al., 2005. Recent studies on attributions of climate change in China [J]. Acta Meteorol. Sin, 19 (4): 389-400.